Laís Fernandes
Karina Keunecke
Ana Paula Di Beneditto

Dinâmica populacional do camarão sete-barbas no Rio de Janeiro

Laís Fernandes
Karina Keunecke
Ana Paula Di Beneditto

Dinâmica populacional do camarão sete-barbas no Rio de Janeiro

Crescimento e recrutamento do camarão sete-barbas no norte do estado do Rio de Janeiro

Novas Edições Acadêmicas

Impressum / Impressão
Bibliografische Information der Deutschen Nationalbibliothek: Die Deutsche Nationalbibliothek verzeichnet diese Publikation in der Deutschen Nationalbibliografie; detaillierte bibliografische Daten sind im Internet über http://dnb.d-nb.de abrufbar.
Alle in diesem Buch genannten Marken und Produktnamen unterliegen warenzeichen-, marken- oder patentrechtlichem Schutz bzw. sind Warenzeichen oder eingetragene Warenzeichen der jeweiligen Inhaber. Die Wiedergabe von Marken, Produktnamen, Gebrauchsnamen, Handelsnamen, Warenbezeichnungen u.s.w. in diesem Werk berechtigt auch ohne besondere Kennzeichnung nicht zu der Annahme, dass solche Namen im Sinne der Warenzeichen- und Markenschutzgesetzgebung als frei zu betrachten wären und daher von jedermann benutzt werden dürften.

Informação biográfica publicada por Deutsche Nationalbibliothek: Nationalbibliothek numera essa publicação em Deutsche Nationalbibliografie; dados biográficos detalhados estão disponíveis na Internet: http://dnb.d-nb.de.
Os outros nomes de marcas e produtos citados neste livro estão sujeitos à marca registrada ou a proteção de patentes e são marcas comerciais registradas dos seus respectivos proprietários. O uso dos nomes de marcas, nome de produto, nomes comuns, nome comerciais, descrições de produtos, etc. Inclusive sem uma marca particular nestas publicações, de forma alguma deve interpretar-se no sentido de que estes nomes possam ser considerados ilimitados em matérias de marcas e legislação de proteção de marcas e, portanto, ser utilizadas por qualquer pessoa.

Coverbild / Imagem da capa: www.ingimage.com

Verlag / Editora:
Novas Edições Acadêmicas
ist ein Imprint der / é uma marca de
OmniScriptum GmbH & Co. KG
Heinrich-Böcking-Str. 6-8, 66121 Saarbrücken, Deutschland / Niemcy
Email / Correio eletrônico: info@nea-edicoes.com

Herstellung: siehe letzte Seite /
Publicado: veja a última página
ISBN: 978-3-639-69569-4

LAÍS PINHO FERNANDES

KARINA ANNES KEUNECKE

ANA PAULA MADEIRA DI BENEDITTO

Dinâmica populacional do camarão sete-barbas no Rio de Janeiro

Crescimento e recrutamento do camarão sete-barbas no norte do estado do Rio de Janeiro

AGRADECIMENTOS

Aos pescadores do porto de Atafona que colaboraram com o fornecimento mensal dos camarões estudados e à técnica de campo Silvana Ribeiro Gomes, moradora de Atafona, pelo auxílio fundamental nas atividades de campo.

À Fundação Carlos Chagas Filho de Amparo à Pesquisa do Estado do Rio de Janeiro - FAPERJ, ao Conselho Nacional de Desenvolvimento Científico e Tecnológico - CNPq, e à Coordenação de Aperfeiçoamento de Pessoal de Nível Superior - CAPES pela concessão de bolsas de estudo a L.P. Fernandes em diferentes fases da pesquisa.

Ao CNPq (Proc. 403735/12-2 e 301405/13) e a FAPERJ (E-26/102.915/2011) pelo fomento à pesquisa concedido a A.P.M. Di Beneditto durante a realização deste estudo. A.P.M. Di Beneditto é membro do CNPq INCT Transferência de Material Continente-Oceano (Proc. 573.601/2008-9).

À Universidade Estadual do Norte Fluminense e ao Programa de Pós-Graduação em Ecologia e Recursos Naturais/UENF pela formação acadêmica de L.P. Fernandes, e ao Laboratório de Ciências Ambientais/UENF pela disponibilização do espaço físico utilizado e dos equipamentos para análise das amostras.

SUMÁRIO

LISTA DE FIGURAS

LISTA DE TABELAS

RESUMO

O objetivo deste estudo foi analisar os padrões anuais de crescimento e recrutamento do camarão sete-barbas, *Xiphopenaeus kroyeri*, no norte do estado do Rio de Janeiro, Brasil. Foram obtidas amostras mensais da espécie durante quatro anos (2005-06, 2006-07, 2008-09 e 2009-10) através da pesca artesanal camaroneira praticada entre 21°25'S e 21°50'S. Foram coletados 21.053 camarões: 49,3% (n=10.377) machos e 50,7% (n=10.676) fêmeas. Estes foram analisados com base em dois estágios reprodutivos (imaturos e maturos), sendo os machos maturos mais representativos com 86,3%, e as fêmeas imaturas com 78,3% da amostragem. A média do porte de machos e fêmeas ficou entre 85,0±13,7mm e 89,1±18,5mm para o comprimento total, 16,4±3,0mm e 17,7±4,3mm para o comprimento da carapaça e 3,6±1,7g e 4,3±2,7g quanto ao peso, respectivamente. A relação peso-comprimento total foi ajustada para os machos através da equação $P=0,000008CT^{2,9038}$ (R^2= 0,9446) e $P=0,000002CT^{3,1719}$ (R^2=0,9499) para as fêmeas. A relação comprimento da carapaça-comprimento total foi ajustada para machos: CC=0,2087CT-1,3469 (R^2=0,9336) e fêmeas: CC=0,2293CT-2,7503 (R^2=0,9594). A análise de frequência de comprimento (ELEFAN I) do programa computacional FiSAT II foi aplicada nessa base de dados para identificação da função de crescimento de von Bertalanffy e a média do comprimento total assintótico (CT∞) e do coeficiente de crescimento (k) no período de estudo foi 134,4±6,2mm e 0,77±0,09 (machos) e 148,8±3,6mm e 0,41±0,12 (fêmeas), respectivamente. Os machos atingem a primeira maturação gonadal com 66,0 mm de comprimento total e 12,0 mm de comprimento da carapaça, enquanto as fêmeas maturam com 109,0 mm e 22,0 mm, respectivamente. Os juvenis desta população foram registrados com maior frequência pela atividade pesqueira entre os meses de janeiro a maio, estando, portanto a atual legislação de proteção deste recurso pesqueiro na região parcialmente em conformidade com o recrutamento. Estes dados contribuem com informações sobre os padrões de crescimento e recrutamento da espécie no estado do Rio de Janeiro, podendo assim subsidiar medidas de manejo pesqueiro condizentes com a realidade regional.

Palavras-chave: *Xiphopenaeus kroyeri*, crescimento, recrutamento, pesca artesanal, Rio de Janeiro.

ABSTRACT

The objective of this study was to analyze the patterns of annual growth and recruitment of the sea bob shrimp, *Xiphopenaeus kroyeri*, captured in northern Rio de Janeiro State, Brazil. Monthly samples were collected over four years (2005-06, 2006-07, 2008-09 and 2009-10) through local artisanal fishery practiced between 21°25'S e 21°50'S. In total, 21,053 shrimps specimens were collected: 49.3% (n=10,377) males and 50.7% (n=10,676) females. These were analyzed based in two reproductive stages (immature and mature), with the mature males being more representative with 86.3% and the imature females with 78.3%. Average sizes for males and females were 85.0±13.7mm and 89.1±18.5mm (total length), 16.4±3.0mm and 17.7±4.3mm (carapace length) and 3.6±1.7g and 4.3±2.7g (weight), respectively. The total weight-length ratio was adjusted with the equations $W=0.000008TL^{2.9038}$ ($R^2=0.9446$) (males) and $W=0.000002TL^{3.1719}$ ($R^2=0.9499$) (females). The carapace length-total length ratio was adjusted for males: CC=0.2087CT-1,3469 ($R^2=0.9336$) and females: CC=0.2293CT-2,7503 ($R^2=0.9594$). The length frequency analysis (ELEFAN I) of computer program FiSAT II was applied in this data in order to identify the von Bertalanffy growth function and the average asymptotic lengths (TL∞) and growth rates (k) in the studied period were 134.4±6.2mm and 0.77±0.09 (males) and 148.8±3.6 mm and 0,41±0.12 (females), respectively. Males reach the size at first maturity with 66.0mm of total length and 12.0mm of carapace length, while females mature with 109.0mm and 22.0mm, respectively. The juveniles of this population were reported by fishing activity more frequently between January and May, which would partially support current legislation protecting this fishing resource in the region. These data contribute with information about the patterns of growth and recruitment of species in Rio de Janeiro State, and can support fishery management measures consistent with the regional reality.

Keywords: *Xiphopenaeus kroyeri*, growth, recruitment, artisanal fishery, Rio de Janeiro.

1. INTRODUÇÃO

1.1 A atividade de pesca camaroneira

O Brasil possui cerca de 8.500 km de linha de costa e número razoável de ilhas, totalizando área aproximada de 3,5 milhões de km^2 de Zona Econômica Exclusiva (ZEE) sobre a qual tem direitos exclusivos de exploração, conservação e gestão dos recursos naturais. Embora as águas marinhas brasileiras apresentem condições ambientais características de regiões tropicais e subtropicais, como temperatura e salinidade elevadas e baixas concentrações de nutrientes, as regiões sudeste e sul do país se destacam pelas zonas de ressurgência associadas a correntes marinhas ricas em nutrientes, resultando em altas taxas de produtividade primária, aumento da concentração de fitoplâncton e zooplâncton e abundância de recursos pesqueiros (Gasalla *et al.*, 2007).

A frota que opera no litoral brasileiro é dividida em duas categorias para fins de estatística pesqueira: "industrial" e "artesanal". A primeira utiliza embarcações de médio e grande porte, com mais de 20 t de registro bruto e que atuam ao longo da plataforma continental, talude superior e águas oceânicas adjacentes. A pesca artesanal apresenta o maior número de embarcações ao longo do litoral brasileiro e engloba o desembarque da pesca em águas interiores, estuarinas e costeiras, com embarcações de até 20 t de registro bruto e que apresentam características bastante variadas em função das áreas de operação e modalidades de pesca. Peixes ósseos e cartilaginosos são os principais recursos pesqueiros capturados nas águas jurisdicionais brasileiras, seguidos dos crustáceos (camarões e lagostas) e moluscos (lulas e polvos) (Haimovici, 1997; Profrota Pesqueira, 2003). A exploração dos recursos pesqueiros ocorre através da pesca extrativa, classificada como marinha ou continental, quando o pescado é extraído como recurso natural renovável, e através da pesca não extrativa, que tem o pescado como produto cultivado através da aquacultura (Abdallah, 1998).

Segundo o levantamento oficial sobre a produção total de pescado no Brasil, referente ao ano de 2007 (MMA & IBAMA, 2007), houve um crescimento de 2% em relação ao ano anterior, com aproximadamente 1.072.000 t de pescado produzido. Desse total, a pesca extrativa marinha representou cerca de 50% do que foi produzido no país e apresentou um crescimento de 2,3% em relação a 2006. Os demais 50% se distribuem entre a pesca extrativa continental e as atividades de aqüicultura (continentais e marinhas). Considerando a região sudeste, o Estado do Rio de Janeiro se destaca como maior produtor de pescado através da pesca extrativa marinha, alcançando em torno de 82.500 t, com a pesca artesanal produzindo cerca de 20.600 t, o que representa 25% do total da pesca do estado. Dentro desse contexto, os crustáceos totalizaram quase 2.000 t, das quais 80% foram produzidas pela pesca artesanal. Dentre as espécies de camarões capturadas comercialmente na região sudeste do Brasil (sete-barbas – *Xiphopenaeus kroyeri*; branco - *Litopenaeus schimitti*; barba ruça - *Artemesia longinaris*; carabineiro - *Aristaeopsis edwardsiana*; cristalino - *Parapenaeus americanus* e *Plesionika edwardsii*; rosa - *Farfantepenaeus* spp. e santana - *Pleoticus muelleri*), destaca-se o sete-barbas. No Estado do Rio de Janeiro, esta espécie foi a mais representativa dentre os crustáceos explorados pela pesca artesanal marinha, com uma produção total anual de cerca de 500 t em 2007 (MMA & IBAMA, 2007). Os camarões peneídeos representam a mais importante fonte econômica de recursos na pescaria de crustáceos e se caracterizam como um dos principais componentes nas pescarias tropicais (Hossain & Ohtomi, 2008). De acordo com D'Incao *et al.* (2002), a produção nas regiões sudeste e sul do Brasil tem decrescido devido à imposição de um esforço de pesca acima do máximo sustentável pelo estoque capturável.

A pesca artesanal do camarão sete-barbas é denominada "pesca de sol a sol", com início das atividades ao amanhecer e encerramento antes do pôr do sol (Branco, 2005). O rendimento da captura diminui durante a noite, sendo mínimo na madrugada e começando a melhorar com o nascer do sol, o que sugere maior atividade desse crustáceo sobre o fundo no período diurno (Morais *et al.*, 1995). Essa pescaria, que se caracteriza por apresentar capturas com o objetivo comercial associado ao sustento do pescador e de seus familiares, é realizada através da rede de arrasto de fundo com portas. Esse petrecho de pesca é eficiente na captura do camarão, porém predatório e desestabilizador das comunidades de organismos associados ao fundo marinho. Essa rede apresenta baixa seletividade e captura grande contingente da fauna demersal e bentônica, agrupada sobre a denominação de fauna acompanhante (Branco, 1999; Branco, 2005; Pinto-Nascimento *et al.*, 2007).

A atividade pesqueira não explora toda a população de uma espécie, mas apenas os indivíduos dentro de uma faixa de comprimento e idade que constituem o estoque disponível. Dentro desse estoque há apenas uma parte que está acessível ao aparelho de pesca, que é o estoque capturável. Esse último é constituído pelos estoques de adultos e jovens, e a participação quantitativa de cada um deles depende das características seletivas dos aparelhos de pesca. Pode-se regular a proporção do estoque jovem a ser capturado alterando-se a dimensão da malha da rede de arrasto (Fonteles Filho, 2011).

Com o incremento da atividade de pesca camaroneira surgiu a necessidade da adoção de instrumentos legais para sua regulamentação. Nesse sentido, o recrutamento é o parâmetro populacional aplicado no ordenamento pesqueiro de camarões peneídeos do litoral brasileiro (Santos *et al.*, 2006). Em 1984 foi implantado o defeso, que proibiu a pesca dos camarões rosa, sete-barbas, verdadeiro (*Penaeus schmitti*), santana e barba ruça desde o litoral do estado do Espírito Santo (18°30'S) até o Rio Grande do Sul (30°S) de 1° de março a 30 de abril (Portaria SUDEPE n° 7/1984). Ao longo dos anos, o período e a abrangência das espécies-alvo contempladas foram se modificando.

Em 2001, o Instituto Brasileiro do Meio Ambiente e dos Recursos Naturais e Renováveis (IBAMA) decretou um novo defeso, proibindo no período de 1° de março a 31 de maio a pesca de arrasto motorizada dos camarões rosa, sete-barbas, branco, santana e barba ruça na área compreendida entre os paralelos 18°20'S (divisa dos estados da Bahia e Espírito Santo) e 33°40'S (Foz do Arroio Chuí, estado do Rio Grande do Sul) (Portaria MMA n° 74/2001). Pezzuto (2001) demonstrou preocupação em torno da abrangência e da eficiência dessa política pesqueira em função de variações geográficas (habitats e tipos de pescarias) e específicas (períodos de reprodução e recrutamento).

Em 2006, o IBAMA, após a realização de estudos desenvolvidos em parceria com a Secretaria Especial de Aquicultura e Pesca da Presidência da República (SEAP-PR), decretou defeso específico para proteção do período de recrutamento de juvenis do camarão sete-barbas, proibindo o exercício da pesca de arrasto com tração motorizada direcionada a captura dessa espécie na área compreendida entre 18°20'S e 33°40'S no período de 1° de outubro a 31 de dezembro (Instrução Normativa IBAMA n° 91/2006).

Em 2008, a Instrução Normativa IBAMA n° 91/2006 foi revogada, alterando novamente o período de defeso dos camarões. O exercício da pesca de arrasto com tração motorizada para a captura dos camarões rosa, sete-barbas, branco, santana e barba ruça passa a ser proibido na área marinha compreendida entre os paralelos 21°18'S (divisa dos estados do Espírito Santo e Rio de Janeiro) e 33°40'S, entre o período de 1º de março a 31 de maio (Instrução Normativa IBAMA n° 189/2008).

Uma medida adicional de proteção do camarão sete-barbas na costa norte do Estado do Rio de Janeiro foi determinada através da Portaria IBAMA nº 1 de 28 de janeiro de 2008, que estabelece normas específicas para a gestão do uso sustentável dos recursos pesqueiros pelas embarcações que operam nessa região, dispondo sobre as características e a área de operação dessas embarcações, bem como sobre a futura redução da frota visando assegurar a sustentabilidade no uso desse recurso. Esta medida foi implementada considerando que as embarcações locais possuem características como comprimento total superior a nove metros e região de pesca caracterizada por praias de tombo, canais de mar aberto e ausência de águas abrigadas nos pontos de captura dessa espécie.

1.2 O camarão sete-barbas, *Xiphopenaeus kroyeri* (Heller, 1862)

A espécie apresenta ampla distribuição no Oceano Atlântico Ocidental, ocorrendo desde a Virgínia (Estados Unidos), se estendendo pela região do Caribe, até o Estado do Rio Grande do Sul (Brasil) (Santos *et al.*, 2003; Santos & Freitas, 2005; Santos *et al.*, 2006; Castilho, 2008).

Esse camarão recebe várias denominações nas suas diferentes áreas de ocorrência. Nos Estados Unidos é chamado de "seabob shrimp", na Venezuela de "camarón blanco", na Guiana Francesa de "coarse shrimp" e "large prawn", no Suriname de "Redi Sara-Sara" e "Bigi Sara-Sara", no norte do Brasil de camarão chifrudo e no resto do país de camarão sete-barbas (Natividade, 2006).

O camarão sete-barbas habita águas marinhas costeiras rasas, com fundo de areia e lama, até a profundidade de 30 m (Branco *et al.*, 1999). Os camarões da família Penaeidae eclodem como larva planctônica nas águas superficiais, ricas em alimento. As pós-larvas e os juvenis iniciam sua vida bentônica em águas de pouca profundidade e se afastam para regiões mais profundas com o crescimento. O espalhamento ordenado da população contribui para a redução da competição intraespecífica, sobretudo em relação aos indivíduos nascidos fora dos picos reprodutivos, considerando-se que a reprodução da espécie ocorre o ano inteiro (Gonçalves, 1997; Graça Lopes *et al.*, 2007). As áreas preferenciais de ocorrência dos juvenis são sedimentos ricos em algas e fragmentos vegetais, pequenos crustáceos, foraminíferos, poliquetas e moluscos (Branco, 2005), associadas à desembocadura de rios e de estuários (Natividade, 2006). Branco *et al.* (1999) destacaram a diferença comportamental de *X. kroyeri* que, ao contrário de outros peneídeos, não apresenta estratificação populacional horizontalmente, sendo comum a ocorrência de juvenis e adultos na mesma área. Sua presença em zonas estuarinas está associada à penetração da cunha salina, ocorrendo em baías, mas não havendo registros em estuários (Natividade, 2006; Graça-Lopes *et al.*, 2007). A não dependência de ambientes costeiros, hoje muito ameaçados pela degradação ambiental, o ciclo de vida curto (cerca de 2 anos) e a grande capacidade reprodutiva podem conferir vantagens adicionais à espécie ao longo de sua distribuição (Graça-Lopes *et al.*, 2007).

Os camarões peneídeos apresentam dimorfismo sexual (Boschi, 1963). Os machos são diferenciados das fêmeas por serem menores e apresentarem um apêndice masculino bem calcificado, denominado de petasma, que é o órgão copulador. Quando essa estrutura encontra-se fusionada, o macho está apto para a reprodução. As fêmeas são caracterizadas pelo télico, que consiste de placas que se apresentam unidas na porção mediano-ventral do corpo. O conjunto das placas do télico e a fenda genital formam o receptáculo seminal (Brusca & Brusca, 2007). A periodicidade reprodutiva é determinada em função da fêmea, pois esta determina o período da cópula através da seleção de seu parceiro. O recrutamento ocorrerá, portanto, em resposta ao período de desova, exceto quando os fatores ambientais influenciarem no sucesso do desenvolvimento larval ou pós-larval (Castilho, 2008).

O crescimento em crustáceos se caracteriza por um processo descontínuo que acontece em saltos, ocorrendo após o período de muda. O exoesqueleto rígido que os recobre não possibilita que o aumento em tamanho corporal e peso se manifestem de forma contínua (Petriella & Boschi, 1997). As populações de zona tropical têm maturação precoce, maior coeficiente de crescimento e menor longevidade do que as de zonas temperadas (Fonteles Filho, 2011).

Esses camarões geralmente apresentam tendência de crescimento alométrico diferenciado entre os sexos (Branco, 2005). Branco *et al.* (1999) relatam que as fêmeas de Penaeidae alcançam comprimento total superior ao machos, embora os machos cresçam mais rapidamente. A diferença de tamanho entre os sexos está, provavelmente, ligada ao processo de reprodução. Nas fêmeas, o maior tamanho de cefalotórax pode corresponder à maior produção de ovócitos e maior fecundidade para a espécie (Gab-Alla *et al.*, 1990). As variações do comprimento corporal da espécie ao longo de gradientes espaço-temporais devem-se ao seu crescimento diferencial em função de distintas condições ambientais, tais como temperatura, salinidade e disponibilidade de nutrientes (Mota-Amado, 1978 *apud* Natividade, 2006). O tamanho de primeira maturação gonadal é determinado basicamente por condições fisiológicas do organismo, mas a temperatura tem um papel fundamental na determinação do momento propício para a desova e da época ideal para a eclosão das larvas e deslocamento destas para regiões com abundância de alimento (Fonteles Filho, 2011).

O declínio do estoque de camarões prejudica as demais comunidades marinhas, pois esses organismos viabilizam importante concentração de energia para os demais níveis tróficos. Ao processarem um largo volume do sedimento durante a sua alimentação, os camarões retiram do substrato uma variedade de recursos alimentares, tais como bactérias, protozoários, diatomáceas, fungos, meiofauna e matéria orgânica (Castilho, 2008). Os crustáceos representam ainda um importante papel nos ecossistemas, sendo presas da maioria dos organismos carnívoros que ocupam ambientes aquáticos costeiros, no estágio larval ou na forma adulta (Branco & Verani, 1997).

As espécies consideradas como recursos pesqueiros podem ter sua viabilidade afetada a partir da redução dos tamanhos populacionais (Brito, 2009). Por se tratar de um importante recurso pesqueiro do litoral brasileiro e devido ao aumento da pressão de exploração sobre seu estoque através da pesca artesanal, estudos sobre essa espécie devem ser considerados prioritários (Geo Brasil, 2002). Nesse sentido, o presente estudo fornecerá informações sobre os padrões de crescimento e recrutamento da espécie na costa do Estado do Rio de Janeiro, que poderão subsidiar medidas de manejo pesqueiro condizentes com a realidade regional.

2. OBJETIVOS

2.1 Geral

Este estudo tem como principal objetivo descrever os padrões anuais de crescimento e recrutamento do camarão sete-barbas, *Xiphopenaeus kroyeri*, no norte do estado do Rio de Janeiro a fim de avaliar o estado deste recurso capturado pela atividade pesqueira na região.

2.2 Específicos

i) Avaliar a proporção sexual, porte e estágio de maturidade dos indivíduos capturados através da pesca;

ii) Ajustar as relações biométricas entre as dimensões corporais dos indivíduos e estimar os parâmetros de crescimento $CT\infty$ e k;

iii) Determinar os aspectos reprodutivos, incluindo tamanho da primeira maturação e época de desova;

iv) Verificar o padrão de recrutamento e compará-lo com o período de defeso em vigor.

3. MATERIAL E MÉTODOS

3.1 Área de estudo e amostragem do camarão sete-barbas

As amostragens de *X. kroyeri* foram realizadas a partir da pesca camaroneira praticada no porto de Atafona, município de São João da Barra, norte do estado do Rio de Janeiro (21°37'S; 41°00'O). A pesca camaroneira na região é monoespecífica, direcionada apenas a essa espécie. O campo de pesca das embarcações camaroneiras está compreendido entre 21°25'S a 21°50'S, 8 a 15 m de profundidade e uma a três milhas náuticas de distância da linha de costa, o que representa em torno de 100-200 km^2 de área costeira (Figura 1).

Os pontos de coleta variaram ao longo desse campo de pesca de acordo com a dinâmica da prática camaroneira que é regida por condições meteorológicas, oceanográficas e disponibilidade da espécie alvo. Esse porto foi selecionado devido a sua representatividade em relação ao número de embarcações voltadas para a captura do camarão sete-barbas e a alta mobilidade de operação dessas embarcações ao longo da costa norte do estado do Rio de Janeiro. O número de embarcações voltadas para a captura do camarão no porto de Atafona está em torno de 30-40, o que corresponde a 35% do total de embarcações de pesca que estão em operação no referido porto (100-110 barcos). Os pescadores locais que contribuem com as amostragens foram instruídos quanto à aleatorização das coletas, de modo a aumentar a confiabilidade em relação à malha amostral considerada.

No porto de Atafona, as embarcações pesqueiras voltadas para a pesca camaroneira são denominadas localmente de traineiras, e apresentam comprimento variando entre 7 e 11 m e motores de 8 a 15 HP (Figura 2). Estas embarcações fazem uso da rede de arrasto de fundo com portas como o artefato empregado para a captura do camarão. Esse petrecho de pesca apresenta forma cônica e se subdivide em asas, corpo e ensacador, com duas portas de madeira acopladas em cada uma das asas laterais (Figura 3 A, B). As portas de madeira mantêm o arrasto estável durante o deslocamento da embarcação, revolvem o substrato e direcionam o pescado ao interior da rede. Em geral, cada embarcação de pesca opera com duas redes em simultâneo, e há uma terceira porta de madeira posicionada entre as redes. Através das asas se prolongam cordas que mantêm a rede presa a embarcação durante a operação de pesca. A extensão da corda varia com a profundidade do campo de pesca. O comprimento da rede é de 8-10 m, com a abertura ou boca medindo cerca de 6 m e malha no corpo da rede e no ensacador de 40 e 30 mm (esticada entre nós não adjacentes), respectivamente.

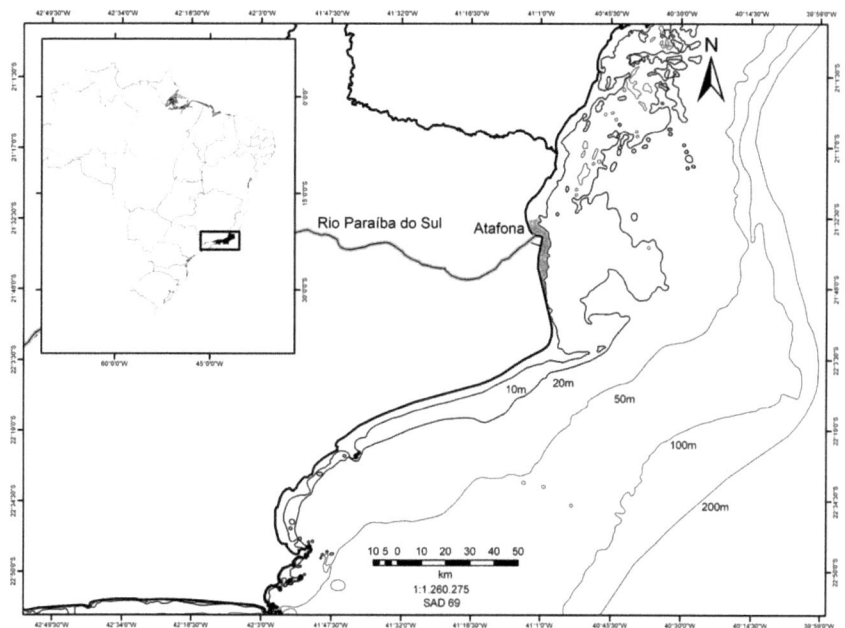

Figura 1. Mapa do Brasil com indicação do Estado do Rio de Janeiro e da costa norte, onde se localiza o porto de Atafona. A área de pesca das embarcações camaroneiras está indicada em cinza no mapa.

Figura 2. Embarcação do tipo traineira utilizada na pesca camaroneira no norte do Estado do Rio de Janeiro.

Figura 3. Porção terminal da rede de arrasto de fundo (ensacador) (A) e porta de madeira que é acoplada nas asas laterais da rede (B), instrumentos que compõem a rede de arrasto de fundo utilizada na pesca camaroneira no norte do Estado do Rio de Janeiro.

O presente estudo considerou coletas mensais realizadas ao longo de quatro anos (2005-06, 2006-07, 2008-09 e 2009-10), totalizando 48 amostragens. A cada mês de coleta se obteve amostras provenientes de embarcações distintas, totalizando 2-3 kg da espécie por amostragem. Os indivíduos coletados foram selecionados aleatoriamente, a bordo da embarcação, a partir do volume total capturado, e representam uma parcela da população extraída pela pesca artesanal local. Após o desembarque, os espécimes foram armazenados em caixa de isopor com gelo para conservação e transporte ao laboratório. O número amostral mensal deste trabalho está em conformidade com a literatura recente sobre a mesma temática, a saber: Fransozo *et al.* (2000), Leite Jr & Petrere Jr (2001), Cha *et al.* (2002), Santos *et al.* (2003), Branco & Verani (2006), Leite Jr & Petrere Jr (2006), Costa *et al.* (2007) e Hossain & Ohtomi (2008) e, portanto, pode ser considerado como representativo da população amostrada. Não foram coletados dados abióticos neste estudo, estas informações foram fornecidas pelo Laboratório de Ciências Ambientais/UENF.

O desenvolvimento deste estudo durante o período de defeso do camarão sete-barbas foi amparado pela licença permanente para coleta de material zoológico (n°16.401-1) emitida pelo IBAMA/SISBIO (Sistema de Autorização e Informação em Biodiversidade) à Dr. Ana Paula Madeira Di Beneditto/UENF/Laboratório de Ciências Ambientais.

3.2 Atividades em laboratório

No laboratório, os espécimes foram classificados macroscopicamente quanto ao sexo e estágio de maturidade. No caso dos machos, foram considerados imaturos os indivíduos com petasma não fusionado (estágio I) e maturos aqueles que apresentavam o órgão fusionado (estágio II) (Figura 4). Para as fêmeas adotou-se a escala cromática dos ovários usada por Gonçalves (1997) e descrita por Campos *et al.* (2009) para definição do estágio de maturidade. As fêmeas no estágio I são jovens, de porte pequeno, nunca se reproduziram e os ovários variam de branco a translúcidos. Aquelas incluídas no estágio II (em maturação) apresentam ovários mais largos, ocupando toda a cavidade abdominal e parte do cefalotórax, e as gônadas são mais desenvolvidas que o estágio anterior, com coloração claro-esverdeada. As fêmeas em estágio III já são consideradas maturas, com gônadas bem desenvolvidas e de coloração verde oliva; e as do estágio IV (desovadas) apresentam porte grande e gônadas brancas a translúcidas (Figura 5).

Para as análises realizadas no presente estudo, as fêmeas nos estágios I e II foram consideradas "imaturas", enquanto àquelas nos estágios III e IV foram "maturas". Esse agrupamento segue a proposta de outros autores que conduziram trabalhos semelhantes com camarões peneídeos (Dumont & D'Incao, 2004; Semensato & Di Beneditto, 2008).

Todos os indivíduos recuperados intactos foram medidos em projeção retilínea quanto ao comprimento total do corpo (da extremidade do rostro até a extremidade do télson) e comprimento da carapaça (da margem do orbital posterior ao final da margem posterior do cefalotórax). As medidas corporais foram tomadas com auxílio de paquímetro (mm) e cada indivíduo foi pesado em balança digital (0,1 g).

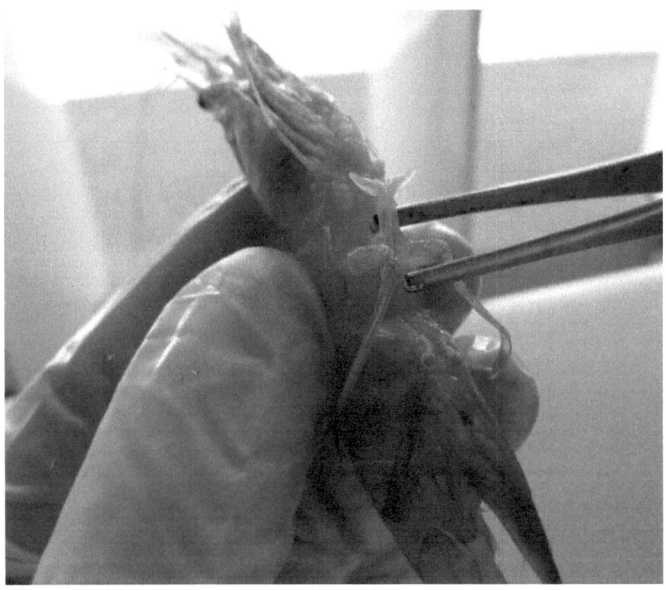

Figura 4. Espécime macho de *Xiphopenaeus kroyeri* com petasma fusionado (estágio II).

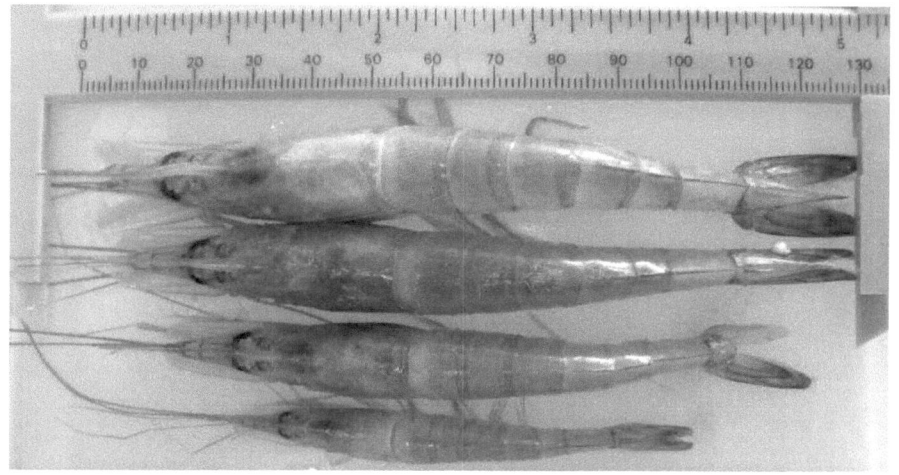

Figura 5. Estágios de maturação das fêmeas de *Xiphopenaeus kroyeri* de acordo com o porte e a variação cromática das gônadas. De baixo para cima: estágio I, estágio II, estágio III e estágio IV.

3.3 Análise dos dados

Todos os dados obtidos foram tabulados e analisados *a priori* através de estatística descritiva. Os procedimentos matemáticos e estatísticos, incluindo a elaboração de gráficos, foram realizados através dos programas Excel for Windows vs. 7.0, Curve Expert for Windows vs. 3.1 e FiSAT II.

As relações biométricas foram analisadas para cada sexo separadamente a fim de se verificar o padrão de crescimento da espécie (isométrico ou alométrico). A relação peso-comprimento total foi ajustada através da equação potencial: $P = aCT^b$ ($y = ax^b$), onde P é o peso (g), CT é o comprimento total (mm) e a, b são os coeficientes linear e angular, respectivamente. O R é o coeficiente de correlação que indica o grau de associação entre as duas variáveis, oscilando de 0 (sem correlação) a 1 (maior correlação). Já a relação comprimento da carapaça-comprimento total segue o ajuste linear da equação: $CC = a + CTb$ ($y = a + xb$), na qual CC representa o comprimento da carapaça (mm), CT representa o comprimento total (mm), e as demais variáveis são as mesmas indicadas acima.

A distribuição das classes de tamanho para machos e fêmeas foi registrada a cada mês, durante os quatro anos de estudo. Para a análise de crescimento o comprimento total foi a medida selecionada, e os camarões foram agrupados em intervalos de 5 mm. A fim de tornar os dados disponíveis para o ordenamento pesqueiro na região, optou-se pela medida de comprimento total nas análises de crescimento e recrutamento, pois esta fornece o tamanho real do camarão.

A análise de frequência de comprimento (ELEFAN I) do programa computacional FiSAT II (Gayanilo *et al.*, 2005) foi aplicada nessa base de dados para a identificação da função de crescimento de von Bertalanffy (FCVB) que melhor se ajusta ao tamanho dos exemplares: $CT_t = CT_\infty (1- \exp^{-k(t - t0)})$, onde CT_t é o comprimento total no tempo t, CT_∞ é o comprimento total assintótico, k é o coeficiente de crescimento (ano^{-1}) e t_0 é a idade hipotética no comprimento zero (idade no instante do nascimento). A rotina ELEFAN I testa diversas curvas de crescimento, e aquela que apresenta o melhor ajuste é selecionada (Sparre & Venema, 1997). Os valores de CT∞ e k são gerados ao final da análise.

Na análise de tamanho de primeira maturação, as proporções de camarões maturos em cada classe de tamanho foram analisadas através de análise de regressão não linear, ajustadas ao modelo sigmoidal com curva logística, considerando o comprimento total ($CT_{50\%}$): $PM = a/1 + b\exp^{-cCT}$ e o comprimento da carapaça ($CC_{50\%}$): $PM = a/1 + b\exp^{-cCC}$, onde PM é a percentagem de camarões maturos e *a*, *b* e *c* são as constantes para cada sexo separadamente, sendo *a*: intercepto no eixo x, *b*: ângulo da curva e *c*: intercepto no eixo y.

As frequências mensais relativas de fêmeas maturas (estágios III e IV) foram calculadas para se inferir sobre os períodos de reprodução anual.

As estimativas foram realizadas a partir do programa computacional Curve Expert for Windows vs. 3.1 e Excel for Windows vs. 7.0.

O período de recrutamento foi estimado a partir do maior número de espécimes juvenis (recrutas) registrados na malha amostral. O padrão de recrutamento pesqueiro da espécie na região foi determinado a partir da distribuição do porte dos indivíduos ao longo dos meses de coleta, considerando a relação entre o comprimento total médio e os meses em que os indivíduos foram registrados, para machos e fêmeas e para cada ano, separadamente. O recrutamento pesqueiro representa a quantidade de indivíduos que efetivamente passam a contribuir para a biomassa capturável da população, a partir do tamanho determinado pela seletividade do aparelho de pesca (Fonteles Filho, 2011).

4. RESULTADOS

4.1 Proporção sexual

O presente trabalho considerou ao longo dos quatro anos de amostragem 21.053 espécimes de *X. kroyeri*: 10.377 machos (49,3%) e 10.676 fêmeas (50,7%). Durante o período de 2005-06, 5.330 indivíduos de *X. kroyeri* foram analisados: 48,0% machos (2.558 indivíduos) e 52,0% fêmeas (2.772 indivíduos). No ano seguinte, 5.884 indivíduos foram amostrados, com os machos tendo representado 48,5% (2.855 indivíduos) e as fêmeas 51,5% (3.029 indivíduos). No período de 2008-09 foram capturados 2.215 machos (49,4%) e 2.267 fêmeas (50,6%), perfazendo total de 4.482 indivíduos. Em 2009-10 foram coletados 5.357 indivíduos: 2.749 machos (51,3%) e 2.608 fêmeas (48,7%) (Figura 6).

Embora a predominância entre machos e fêmeas tenha se alternado ao longo dos meses de coleta, as fêmeas apresentam participação ligeiramente superior aos machos nos totais anuais, com exceção de 2009-10. O percentual mensal da quantidade de fêmeas variou de 35,1% em junho de 2009 a 68,5% em agosto de 2005. Os valores percentuais mensais relativos aos machos variaram de 31,5% em agosto de 2005 a 64,9% em junho de 2009.

A análise através do teste Qui-Quadrado ($p \leq 0,05$) para comparação mensal e anual da proporção sexual do camarão sete-barbas considerou os valores absolutos de machos e fêmeas ao longo dos meses nos quatro anos de amostragem, e demonstrou que as frequências percentuais mensais diferiram significativamente do esperado de 1:1 nos meses de: julho, agosto, setembro, janeiro, março, abril e maio de 2005-06; julho, agosto, setembro, dezembro, fevereiro, março e maio de 2006-07; junho, outubro, dezembro, fevereiro e março de 2008-09; junho, dezembro e março de 2009-10 e nos totais dos anos de 2005-06 e 2006-07. Na maioria dos meses onde houve diferença estatística significante, as fêmeas se destacaram com maior abundância (Tabela 1).

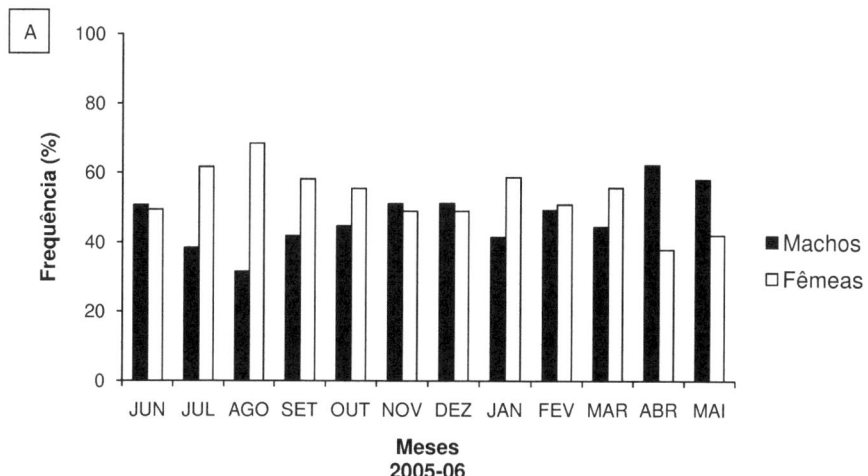

Meses
2005-06

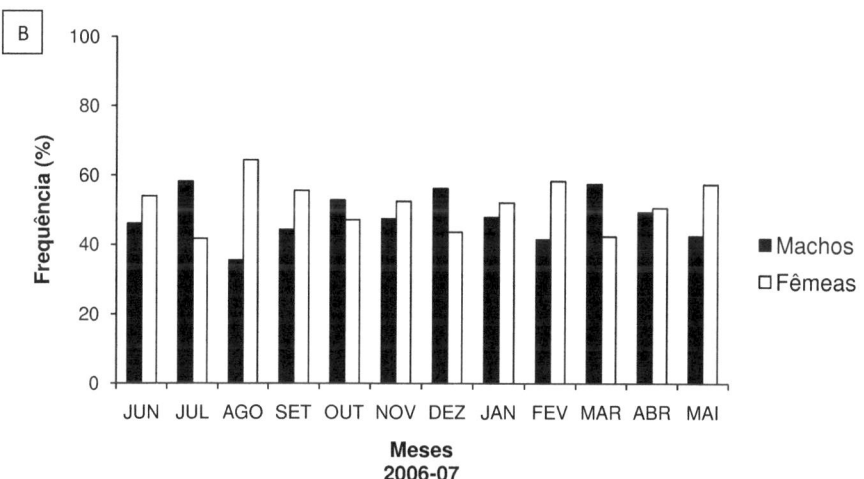

Meses
2006-07

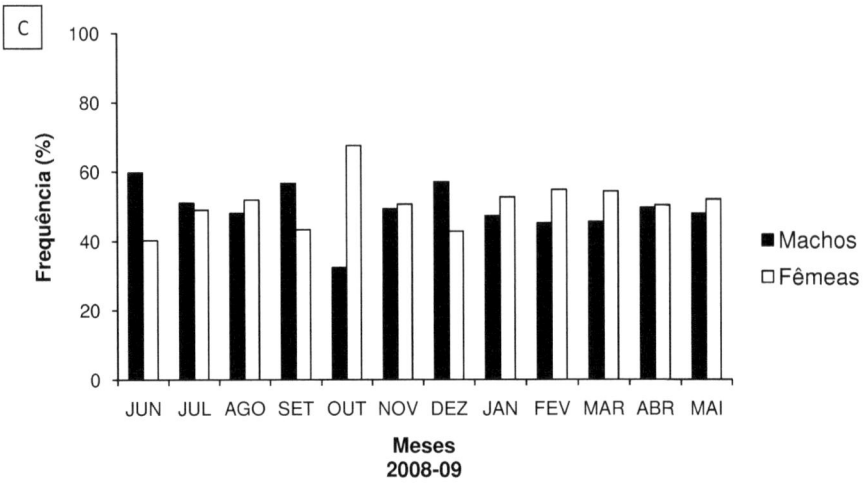

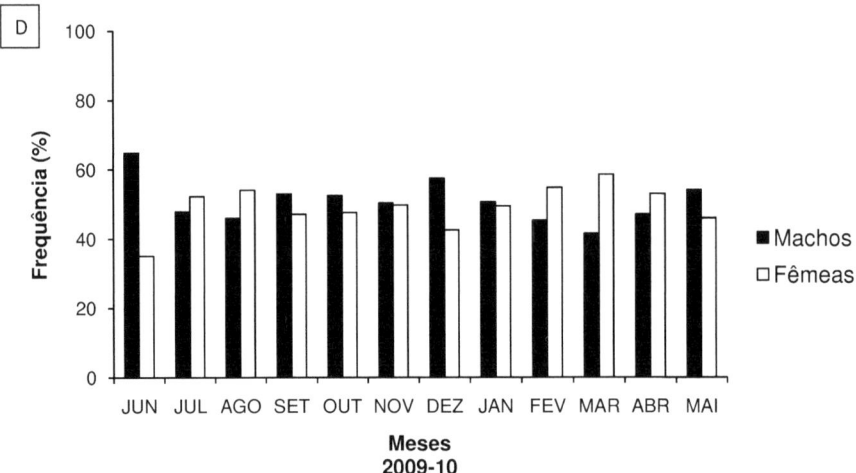

Figura 6. Proporção mensal de machos e fêmeas do camarão sete-barbas, *Xiphopenaeus kroyeri*, capturados no litoral norte do Estado do Rio de Janeiro nos períodos de (A) 2005-06, (B) 2006-07, (C) 2008-09 e (D) 2009-10.

Tabela 1. Distribuição mensal de machos e fêmeas do camarão sete-barbas, *Xiphopenaeus kroyeri*, capturados no litoral norte do Estado do Rio de Janeiro nos períodos de 2005-06, 2006-07, 2008-09 e 2009-10.

Período 2005-06

Meses/Total	Machos	%	Fêmeas	%	Total	p	Proporção
jun/05	121	50,6	118	49,4	239	0,04	1:1
jul/05	132	38,4	212	61,6	344	18,60*	1:1,6
ago/05	106	31,5	230	68,5	336	45,76*	1:2,2
set/05	69	41,8	96	58,2	165	4,42*	1:1,4
out/05	150	44,8	186	55,2	337	3,64	1:1
nov/05	145	51,1	139	48,9	284	0,13	1:1
dez/05	254	51,1	243	48,9	497	0,24	1:1
jan/06	331	41,4	469	58,6	800	23,81*	1:1,4
fev/06	383	49,2	396	50,8	779	0,22	1:1
mar/06	192	44,3	241	55,7	433	5,55*	1:1,3
abr/06	406	62,2	247	37,8	653	38,72*	1,6:1
mai/06	269	58,0	195	42,0	464	11,80*	1,4:1
Total	2.558	48,0	2.770	52,2	5.328	8,51*	1:1,1

Período 2006-07

Meses/Total	Machos	%	Fêmeas	%	Total	p	Proporção
jun/06	245	46,1	287	53,9	532	3,32	1:1
jul/06	233	58,3	167	41,8	400	10,89*	1,4:1
ago/06	154	35,6	279	64,4	433	36,09*	1:1,8
set/06	254	44,3	319	55,7	573	7,37*	1:1,3
out/06	221	52,9	197	47,1	418	1,38	1:1
nov/06	190	47,5	210	52,5	400	1,00	1:1
dez/06	227	56,3	176	43,7	403	6,45*	1,3:1
jan/07	287	47,9	312	52,1	599	1,04	1:1
fev/07	231	41,5	325	58,5	556	15,89*	1:1,4
mar/07	397	57,6	292	42,4	689	16,00*	1,4:1
abr/07	297	49,4	304	50,6	601	0,08	1:1
mai/07	119	42,5	161	57,5	280	6,30*	1:1,4
Total	2.855	48,5	3.029	51,5	5.884	5,15*	1:1,1

Período 2008-09

Meses/Total	Machos	%	Fêmeas	%	Total	p	Proporção
jun/08	248	59,8	167	40,2	415	15,81*	1,5:1
jul/08	198	51,0	190	49,0	388	0,16	1:1
ago/08	126	48,1	136	51,9	262	0,38	1:1
set/08	102	56,7	78	43,3	180	3,20	1:1
out/08	69	32,4	144	67,6	213	26,41*	1:2,1
nov/08	112	49,3	115	50,7	227	0,04	1:1
dez/08	253	57,1	190	42,9	443	8,96*	1,3:1
jan/09	201	47,3	224	52,7	425	1,24	1:1
fev/09	223	45,2	270	54,8	493	4,48*	1:1,2
mar/09	252	45,7	300	54,3	552	4,17*	1:1,2
abr/09	208	49,6	211	50,4	419	0,02	1:1
mai/09	223	48,0	242	52,0	465	0,78	1:1
Total	2.215	49,4	2.267	50,6	4.482	0,60	1:1

Período 2009-10

Meses/Total	Machos	%	Fêmeas	%	Total	p	Proporção
jun/09	333	64,9	180	35,1	513	45,63*	1,9:1
jul/09	207	47,9	226	52,1	434	0,75	1:1
ago/09	161	46,0	189	54,0	350	2,24	1:1
set/09	190	52,9	169	47,1	359	1,23	1:1
out/09	212	52,5	192	47,5	404	0,99	1:1
nov/09	267	50,3	265	49,1	532	0,01	1:1
dez/09	285	57,5	211	42,5	496	11,04*	1,4:1
jan/10	223	50,6	218	49,4	441	0,01	1:1
fev/10	187	45,3	226	54,7	413	3,68	1:1
mar/10	125	41,5	176	58,5	301	8,64*	1:1,4
abr/10	298	47,1	335	52,9	633	2,16	1:1
mai/10	261	54,0	222	46,0	483	3,15	1:1
Total	2.749	51,3	2.608	48,7	5.357	3,76	1:1

*Diferença significativa ao nível de 5% de probabilidade.

4.2 Proporção de maturidade

Do total de indivíduos capturados, 9.772 (46,4%) eram imaturos e 11.281 (53,6%) maturos. Entre os machos a captura foi predominante de camarões maturos (86,3%) e entre as fêmeas os indivíduos imaturos se destacaram (78,3%), conforme indicado na Tabela 2. Foram verificadas diferenças significativas com relação à distribuição dos machos juvenis e adultos em todos os meses de coleta (Tabela 3). Embora as fêmeas imaturas tenham se destacado significativamente na maioria das amostragens, nos meses de setembro, outubro e novembro de 2005, março de 2006, agosto e setembro de 2008 e março de 2010, não houve diferenças significativas entre os estágios de maturação (Tabela 4).

Tabela 2. Classes de maturidade de machos e fêmeas do camarão sete-barbas, *Xiphopenaeus kroyeri*, capturados no litoral norte do Estado do Rio de Janeiro nos períodos de 2005-06, 2006-07, 2008-09 e 2009-10.

	Imaturos (n)	%	Maturos (n)	%	Total (n)
Machos	1.416	13,7%	8.961	86,3%	10.377
Fêmeas	8.356	78,3%	2.320	21,7%	10.676
Total	**9.772**	**46,4%**	**11.281**	**53,6%**	**21.053**

Ambos os estágios de maturação foram registrados ao longo dos anos de estudo, com variações entre as proporções de participação nas amostragens. Os machos imaturos não ocorreram em setembro e novembro de 2008 e tiveram sua maior participação (71,4%) em agosto de 2006, enquanto os maturos oscilaram de 28,6% em agosto de 2006 a 100% em setembro e novembro de 2008 (Tabela 3). As fêmeas imaturas oscilaram suas frequências de 36,5% em novembro de 2008 a 96,5% em outubro de 2008, e as maturas variaram de 3,5 a 63,5% em outubro e novembro de 2008, respectivamente (Tabela 4).

Tabela 3. Distribuição mensal de machos imaturos e maturos do camarão sete-barbas, *Xiphopenaeus kroyeri*, capturados no litoral norte do Estado do Rio de Janeiro nos períodos de 2005-06, 2006-07, 2008-09 e 2009-10.

Meses	Imaturos	%	Maturos	%	Total	p	Proporção	Meses	Imaturos	%	Maturos	%	Total	p	Proporção
jun/05	43	35,5	78	64,5	121	10,1*	1:1,8	jun/08	21	8,5	227	91,5	248	171,1*	1:10,8
jul/05	13	9,8	119	90,2	132	85,1*	1:9,2	jul/08	49	24,7	149	75,3	198	50,5*	1:3
ago/05	14	13,2	92	86,8	106	57,4*	1:6,6	ago/08	2	1,6	124	98,4	126	118,1*	1:62
set/05	4	5,8	65	94,2	69	53,9*	1:16,3	set/08	0	0,0	102	100,0	102	102,0*	---
out/05	24	16,0	126	84,0	150	70,3*	1:5,3	out/08	1	1,4	68	98,6	69	65,1*	1:68
nov/05	28	19,3	117	80,7	145	54,6*	1:4,2	nov/08	0	0,0	112	100,0	112	112,0*	---
dez/05	7	2,8	247	97,2	254	226,8*	1:35,3	dez/08	22	8,7	231	91,3	253	172,7*	1:10,5
jan/06	16	4,8	315	95,2	331	270,1*	1:19,7	jan/09	8	4,0	193	96,0	201	170,3*	1:24,1
fev/06	48	12,5	335	87,5	383	215,1*	1:7	fev/09	25	11,2	198	88,8	223	134,2*	1:7,9
mar/06	3	1,6	189	98,4	192	180,2*	1:63	mar/09	16	6,3	236	93,7	252	192,1*	1:14,8
abr/06	36	8,9	370	91,1	406	274,8*	1:10,3	abr/09	10	4,8	198	95,2	208	169,9*	1:19,8
mai/06	70	26,0	199	74,0	269	61,9*	1:2,8	mai/09	27	12,1	196	87,9	223	128,1*	1:7,3
Total	306	12,0	2.252	88,0	2.558	1.481,4*	1:7,4	Total	181	8,2	2.034	91,8	2.215	1.550,2*	1:11,2

Meses	Imaturos	%	Maturos	%	Total	p	Proporção	Meses	Imaturos	%	Maturos	%	Total	p	Proporção
jun/06	35	14,3	210	85,7	245	125*	1:6	jun/09	19	5,7	314	94,3	333	261,3*	1:16,5
jul/06	33	14,2	200	85,8	233	119,7*	1:6,1	jul/09	42	20,3	165	79,7	207	71,6*	1:3,8
ago/06	110	71,4	44	28,6	154	28,3*	2,5:1	ago/09	10	6,2	151	93,8	161	123,5*	1:15,1
set/06	53	20,9	201	79,1	254	86,2*	1:3,8	set/09	60	31,6	130	68,4	190	25,8*	1:2,2
out/06	25	11,3	196	88,7	221	132,3*	1:7,8	out/09	27	12,7	185	87,3	212	117,8*	1:6,9
nov/06	2	1,1	188	98,9	190	182,1*	1:94	nov/09	40	15,0	227	85,0	267	131,0*	1:5,7
dez/06	31	13,7	196	86,3	227	119,9*	1:6,3	dez/09	46	16,1	239	83,9	285	130,7*	1:5,2
jan/07	70	24,4	217	75,6	287	75,3*	1:3,1	jan/10	12	5,4	211	94,6	223	177,6*	1:17,6
fev/07	33	14,3	198	85,7	231	117,9*	1:6	fev/10	20	10,7	167	89,3	187	115,6*	1:8,4
mar/07	59	14,9	338	85,1	397	196,1*	1:5,7	mar/10	4	3,2	121	96,8	125	109,5*	1:30,3
abr/07	69	23,2	228	76,8	297	85,1*	1:3,3	abr/10	65	21,8	233	78,2	298	94,7*	1:3,6
mai/07	40	33,6	79	66,4	119	12,8*	1:2	mai/10	24	9,2	237	90,8	261	173,8*	1:9,9
Total	560	19,6	2.295	80,4	2.855	1.054,4*	1:4,1	Total	369	13,4	2.380	86,6	2.749	1.469,1*	1:6,4

*Diferença significativa ao nível de 5% de probabilidade.

Tabela 4. Distribuição mensal de fêmeas imaturas e maturas do camarão sete-barbas, *Xiphopenaeus kroyeri*, capturados no litoral norte do Estado do Rio de Janeiro nos períodos de 2005-06, 2006-07, 2008-09 e 2009-10.

Meses	Imaturas	%	Maturas	%	Total	p	Proporção	Meses	Imaturas	%	Maturas	%	Total	p	Proporção
jun/05	86	72,9	32	27,1	118	24,7*	2,7:1	jun/08	155	92,8	12	7,2	167	122,4*	12,9:1
jul/05	176	83,0	36	17,0	212	92,5*	4,9:1	jul/08	134	70,5	56	29,5	190	32,0*	2,4:1
ago/05	139	60,4	91	39,6	230	10,0*	1,5:1	ago/08	69	50,7	67	49,3	136	0,0	1:1
set/05	56	58,3	40	41,7	96	2,7	1:1	set/08	44	56,4	34	43,6	78	1,3	1:1
out/05	100	53,8	86	46,2	186	1,1	1:1	out/08	139	96,5	5	3,5	144	124,7*	27,8:1
nov/05	69	49,6	70	50,4	139	0,0	1:1	nov/08	42	36,5	73	63,5	115	8,4*	1:1,7
dez/05	208	85,6	35	14,4	243	123,2*	5,9:1	dez/08	165	86,8	25	13,2	190	103,2*	6,6:1
jan/06	409	87,2	60	12,8	469	259,7*	6,8:1	jan/09	163	72,8	61	27,2	224	46,4*	2,7:1
fev/06	326	82,3	70	17,7	396	165,5*	4,7:1	fev/09	181	67,0	89	33,0	270	31,3*	2:1
mar/06	129	53,5	112	46,5	241	1,2	1:1	mar/09	232	77,3	68	22,7	300	89,7*	3,4:1
abr/06	222	89,9	25	10,1	247	157,1*	8,9:1	abr/09	161	76,3	50	23,7	211	58,4*	3,2:1
mai/06	171	87,7	24	12,3	195	110,8*	7,1:1	mai/09	209	86,4	33	13,6	242	128,0*	6,3:1
Total	**2.091**	**75,4**	**681**	**24,6**	**2.772**	**717,2***	**3,1:1**	**Total**	**1.694**	**74,7**	**573**	**25,3**	**2.267**	**554,3***	**3:1**
Meses	**Imaturas**	**%**	**Maturas**	**%**	**Total**	**p**	**Proporção**	**Meses**	**Imaturas**	**%**	**Maturas**	**%**	**Total**	**p**	**Proporção**
jun/06	274	95,5	13	4,5	287	237,4*	21,1:1	jun/09	158	87,8	22	12,2	180	102,8*	7,2:1
jul/06	137	82,0	30	18.0	167	68,6*	4,6:1	jul/09	202	89,4	24	10,6	226	140,2*	8,4:1
ago/06	271	97,1	8	2,9	279	247,9*	33,9:1	ago/09	117	61,9	72	38,1	189	10,7*	1,6:1
set/06	305	95,6	14	4,4	319	265,5*	21,8:1	set/09	130	76,9	39	23,1	169	49,0*	3,3:1
out/06	169	85,8	28	14,2	197	100,9*	6:1	out/09	154	80,2	38	19,8	192	70,1*	4,1:1
nov/06	152	72,4	58	27,6	210	42,1*	2,6:1	nov/09	199	75,4	65	24,6	264	68,0*	3,1:1
dez/06	121	68,8	55	31,3	176	24,8*	2,2:1	dez/09	186	88,2	25	11,8	211	122,8*	7,4:1
jan/07	263	84,3	49	15,7	312	146,8*	5,4:1	jan/10	170	78,0	48	22,0	218	68,3*	3,5:1
fev/07	262	80,6	63	19,4	325	121,8*	4,2:1	fev/10	141	62,4	85	37,6	226	13,9*	1,7:1
mar/07	266	91,1	26	8,9	292	197,3*	10,2:1	mar/10	90	51,1	86	48,9	176	0,1	1:1
abr/07	199	65,5	105	34,5	304	29,1*	1,9:1	abr/10	268	80,0	67	20,0	335	120,6*	4:1
mai/07	142	88,2	19	11,8	161	94,0*	7,5:1	mai/10	195	87,8	27	12,2	222	127,1*	7,2:1
Total	**2.561**	**84,5**	**468**	**15,5**	**3.029**	**1.446,2***	**5,5:1**	**Total**	**2.010**	**77,1**	**598**	**22,9**	**2.608**	**764.5***	**3,4:1**

*Diferença significativa ao nível de 5% de probabilidade.

4.3 Tamanho corporal, relações biométricas e crescimento

O porte dos machos variou de 30,0 a 134,0 mm (85,0±13,7 mm) de comprimento total, 6,0 a 29,0 mm (16,4±3,0 mm) de comprimento da carapaça e 0,3 a 13,8 g (3,6±1,7 g) de peso. As fêmeas variaram de 33,0 a 146,0 mm (89,1±18,5 mm) em relação ao comprimento total, 5,0 a 33,0 mm (17,7±4,3 mm) no comprimento da carapaça e 0,2 a 17,4 g (4,3±2,7 g) no peso.

A maior concentração de machos ficou entre os comprimentos totais de 80,0 a 90,0 mm, comprimento da carapaça de 15,0 a 18,0 mm e peso de 1,2 a 4,2 g. Já as fêmeas apresentaram distribuição mais homogênea entre as classes de comprimento, porém com pico representativo na classe de 75,0 mm de comprimento total, 15,0 mm de carapaça e 1,2 a 2,2 g de peso (Figura 7).

De acordo com a análise do estágio de maturidade dos indivíduos capturados dentro das classes de tamanho foi possível verificar o tamanho máximo atingido pelos juvenis e adultos dentro da população amostrada. Para os machos, todos os espécimes capturados nas classes de comprimento total de 30 a 39 mm eram imaturos, e de 110 a 134 mm eram maturos. Para as fêmeas, os valores de imaturidade oscilaram de 30 a 54 mm e de maturidade de 145 a 149 mm de comprimento total. Em relação ao comprimento da carapaça dos machos, com 6 mm todos os espécimes capturados eram imaturos e entre 22 a 29 mm todos eram maturos. Para as fêmeas a partir de 5 a 9 mm todos os indivíduos capturados eram imaturos e de 32 e 33 mm todas eram maturas.

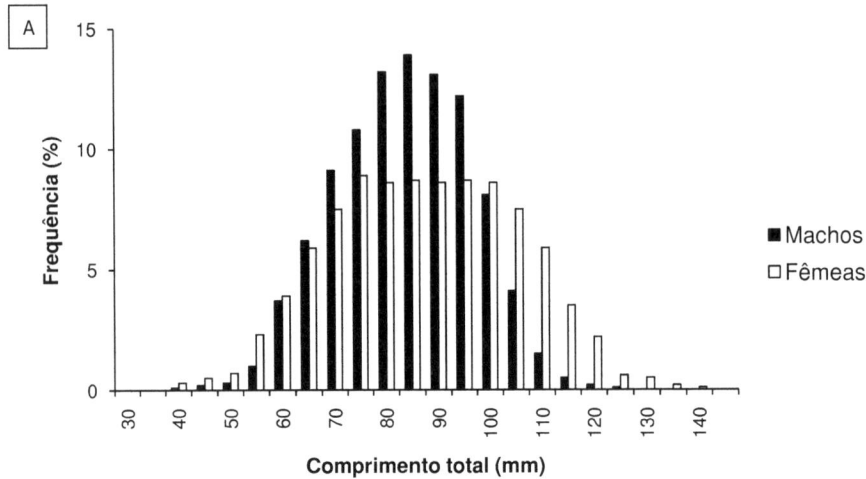

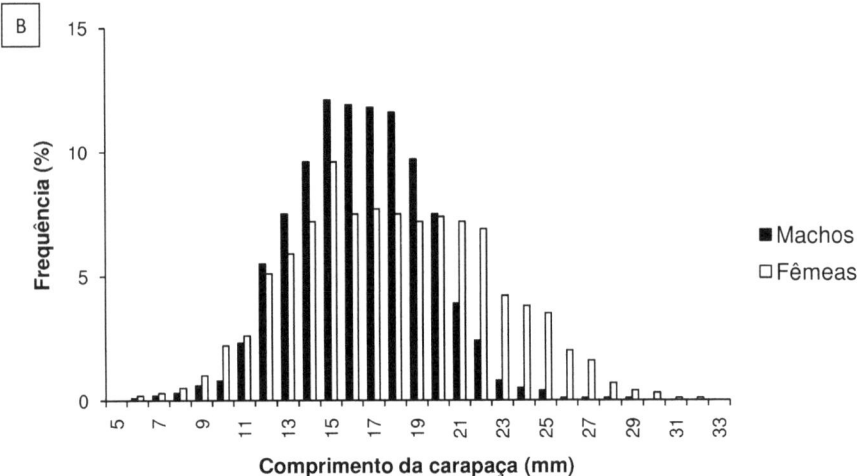

Figura 7. Distribuição das frequências de ocorrência de machos e fêmeas do camarão sete-barbas, *Xiphopenaeus kroyeri*, por classes de (A) comprimento total e (B) comprimento da carapaça, capturados no litoral norte do Estado do Rio de Janeiro nos períodos de 2005-06, 2006-07, 2008-09 e 2009-10.

A relação potencial peso-comprimento total de todos os indivíduos capturados ao longo dos quatro anos de coleta foi ajustada para machos e fêmeas através das equações: $P=0,000008CT^{2,9038}$ ($R^2=0,9446$) e $P=0,000002CT^{3,1719}$ ($R^2=0,9499$), respectivamente (Figura 8).

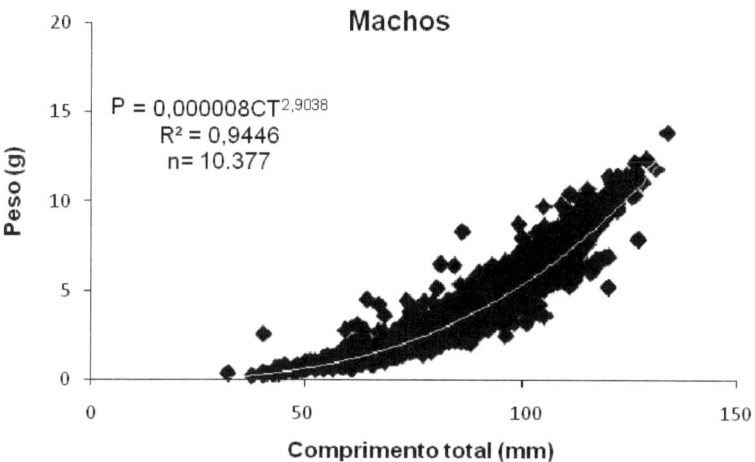

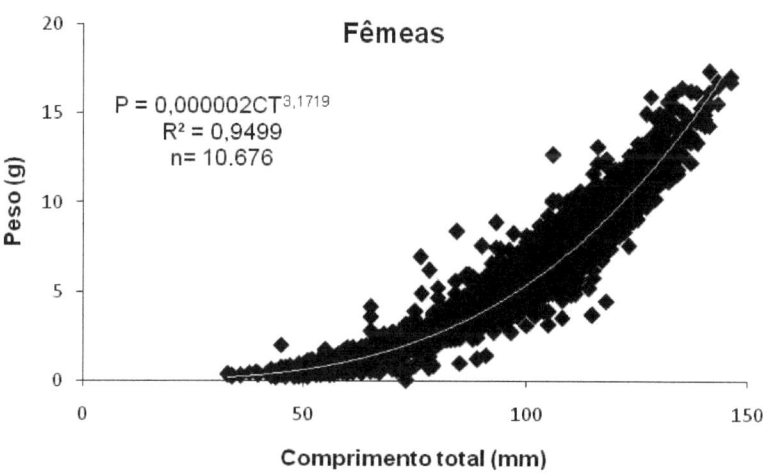

Figura 8. Relação peso-comprimento total de machos e fêmeas do camarão sete-barbas, *Xiphopenaeus kroyeri*, capturados no litoral norte do Estado do Rio de Janeiro nos períodos de 2005-06, 2006-07, 2008-09 e 2009-10.

A relação linear comprimento da carapaça-comprimento total foi ajustada para machos: CC= 0,2087CT-1,3469 (R^2=0,9336) e fêmeas: CC=0,2293CT-2,7503 (R^2=0,9594) (Figura 9).

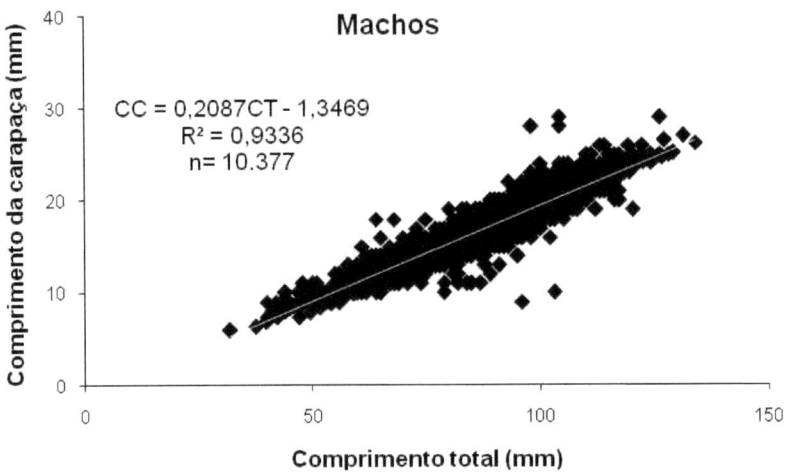

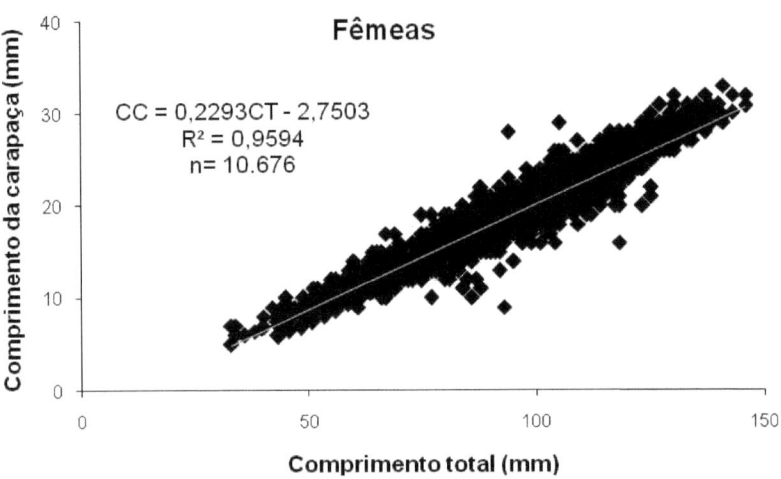

Figura 9. Relação comprimento da carapaça-comprimento total de machos e fêmeas do camarão sete-barbas, *Xiphopenaeus kroyeri*, capturados no litoral norte do Estado do Rio de Janeiro nos períodos de 2005-06, 2006-07, 2008-09 e 2009-10.

O comprimento total assintótico e o coeficiente de crescimento dos machos de *X. kroyeri* variou ao longo dos quatro anos de amostragem, resultando nas seguintes expressões:

2005-06: $CT_t = 138,6 \ (1\text{-exp}^{-0,85\,t})$

2006-07: $CT_t = 131,3 \ (1\text{-exp}^{-0,78\,t})$

2008-09: $CT_t = 141,8 \ (1\text{-exp}^{-0,81\,t})$

2009-10: $CT_t = 126,0 \ (1\text{-exp}^{-0,62\,t})$

Em 2005-06 o comprimento total assintótico foi de 138,6 mm e o coeficiente de crescimento de 0,85. Em 2006-07 ambos os valores se reduziram, sendo 131,3 mm e 0,78, respectivamente. Em 2008-09 ocorreu o comprimento assintótico máximo registrado para a região, 141,8 mm, e 0,81 de coeficiente de crescimento. No último ano o comprimento assintótico mínimo foi obtido, 126,0 mm, e o coeficiente de crescimento foi de 0,62.

Estes parâmetros também apresentaram variação para as fêmeas analisadas, sendo as equações:

2005-06: $CT_t = 143,9 \ (1\text{- exp}^{-0,27\,t})$

2006:07: $CT_t = 152,3 \ (1\text{- exp}^{-0,37\,t})$

2008-09: $CT_t = 152,3 \ (1\text{- exp}^{-0,40\,t})$

2009-10: $CT_t = 147,0 \ (1\text{- exp}^{-0,61\,t})$

No primeiro ano o comprimento total assintótico foi de 143,9 mm e o coeficiente de crescimento de 0,27 Em 2006-07 ambos os valores aumentaram, com comprimento assintótico de 152,3 mm e coeficiente de crescimento de 0,37. Em 2008-09 o comprimento assintótico se manteve, mas o coeficiente de crescimento aumentou para 0,40. Em 2009-10 estes valores foram de 147,0 mm e 0,61, respectivamente.

A média dos valores desses parâmetros considerando os quatro anos de amostragem foi de 134,4±6,2 e 0,77±0,09 para machos e de 148,8±3,6 e 0,41±0,12 para as fêmeas (Tabela 6).

4.4 Tamanho de primeira maturação, reprodução e recrutamento

Os machos alcançaram tamanho de primeira maturação com comprimento total de 66,0 mm e comprimento da carapaça de 12,0 mm (Figuras 10 e 11). As fêmeas atingiram a maturidade com 109,0 mm de comprimento total e 22,0 mm de comprimento da carapaça, com tamanhos superiores aos machos (Figuras 10 e 11). No tamanho de 110,0 mm de comprimento total, todos os machos coletados estavam maturos. Somente com 145,0 mm, comprimento máximo observado, todas as fêmeas coletadas eram maturas. Em relação ao comprimento da carapaça, todos os machos a partir de 22,0 mm eram adultos e com 32,0 mm de comprimento da carapaça todas as fêmeas capturadas eram maturas. Com comprimento da carapaça de 22,0 mm, as fêmeas atingem a maturidade sexual, tamanho onde os machos já são em sua totalidade adultos.

Machos

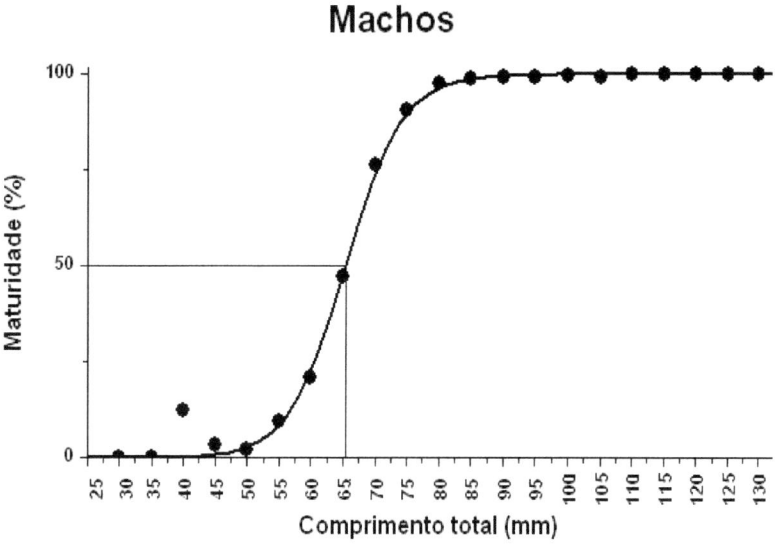

Fêmeas

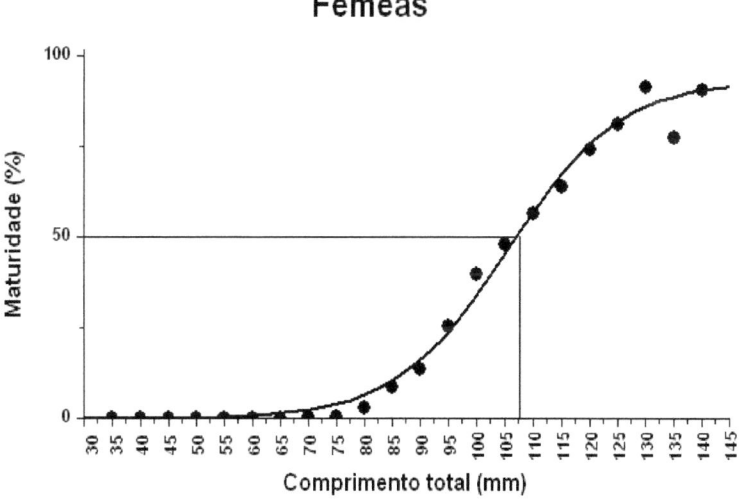

Figura 10. Tamanho de primeira maturação gonadal (comprimento total) de machos e fêmeas do camarão sete-barbas, *Xiphopenaeus kroyeri*, capturados no litoral norte do Estado do Rio de Janeiro nos períodos de 2005-06, 2006-07, 2008-09 e 2009-10.

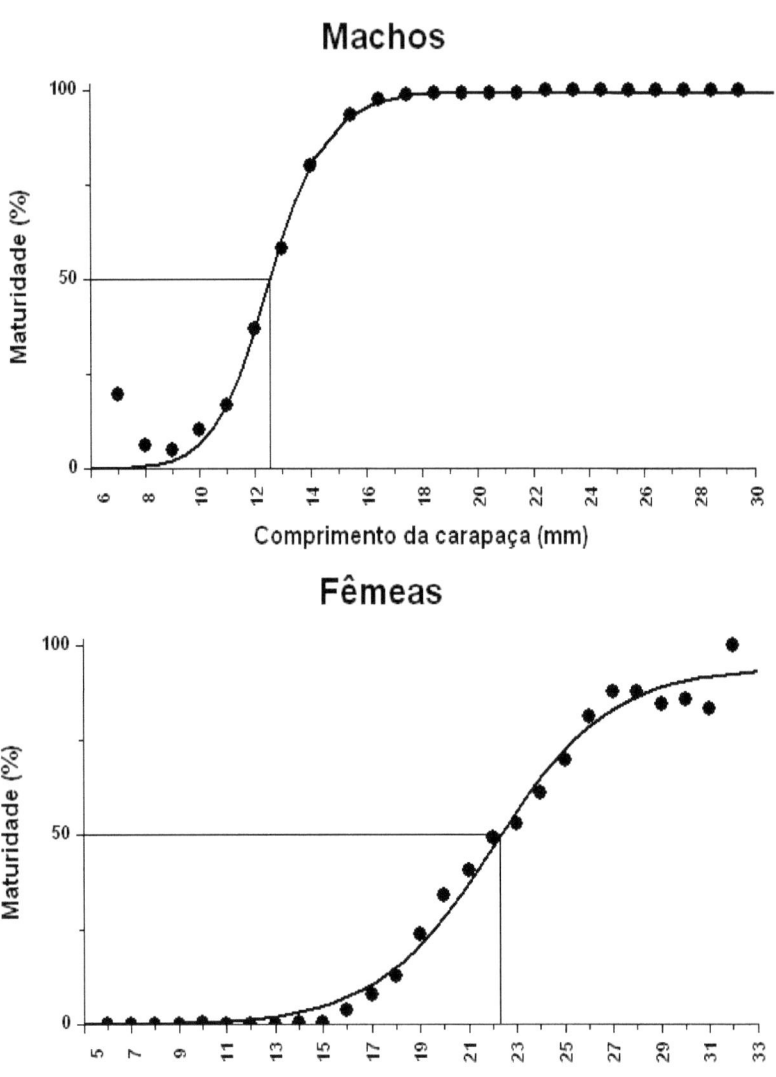

Figura 11. Tamanho de primeira maturação gonadal (comprimento da carapaça) de machos e fêmeas do camarão sete-barbas, *Xiphopenaeus kroyeri*, capturados no litoral norte do Estado do Rio de Janeiro nos períodos de 2005-06, 2006-07, 2008-09 e 2009-10.

O período reprodutivo da espécie na região foi estimado através da frequência de fêmeas maturas na malha amostral. Em 2005-06 os picos reprodutivos foram observados nos meses de novembro (principal) e março (secundário) e o percentual de fêmeas maturas variou de 10,1% em abril a 50,4% em novembro. No ano seguinte, esses picos foram registrados em dezembro de 2006 (secundário) e abril de 2007 (principal), e a frequência de fêmeas maturas oscilou de 2,9% em agosto a 34,5% em abril. Já em 2008-09 observou-se um pico representativo em novembro (principal) e outro em agosto (secundário), com freqüência variando de 3,5% em outubro a 63,5% em novembro. No último ano de amostragem os dois picos modais representativos foram registrados em agosto de 2009 (secundário) e março de 2010 (principal), com variação das fêmeas maturas de 10,6% em julho a 48,9% em março (Figura 12).

A distribuição das classes de tamanho de *X. kroyeri*, indica que os juvenis (recrutas) desta população são registrados com maior frequência pela atividade pesqueira entre os meses de janeiro a maio em todos os anos de coleta, e para ambos os sexos. Apesar disso, observa-se um recrutamento contínuo nesta população, com a presença de indivíduos em todos os estágios de maturação ao longo do ano.

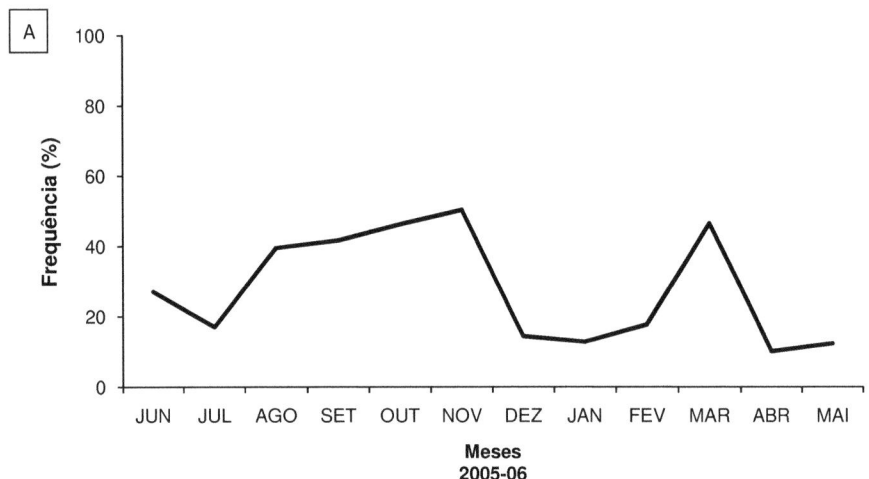

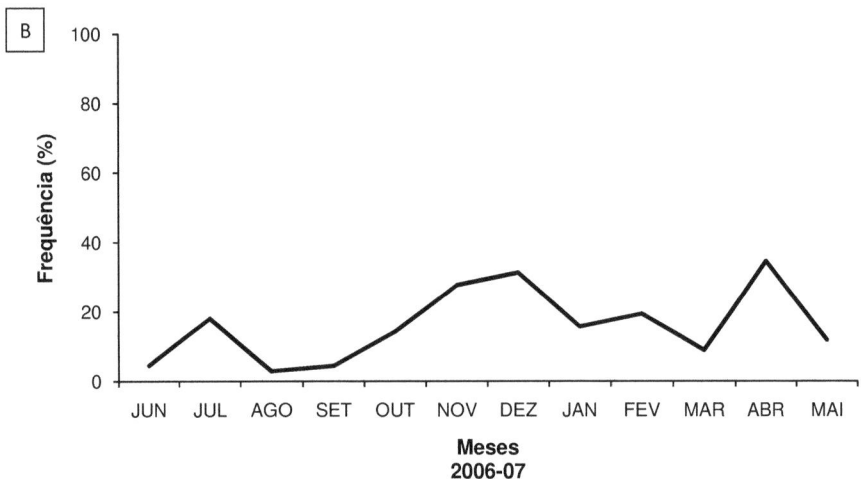

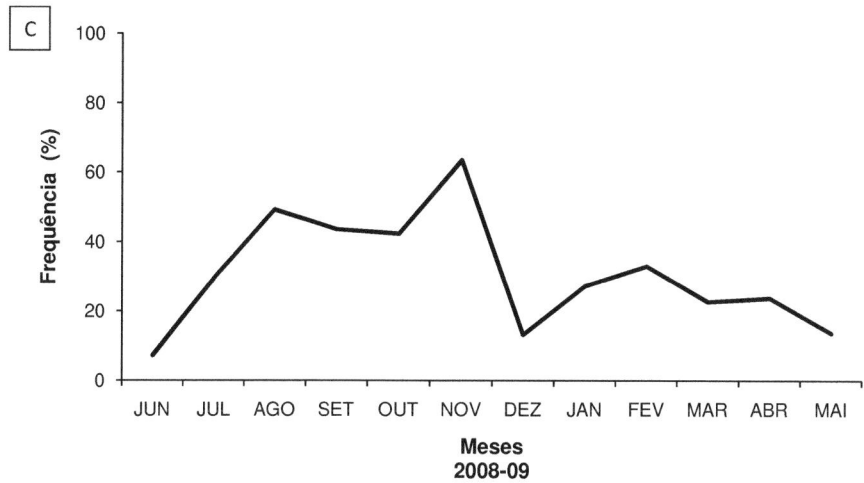

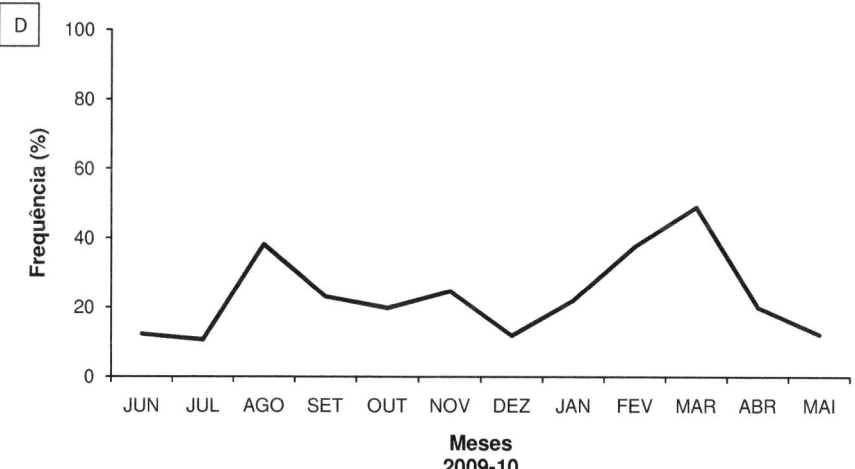

Figura 12. Freqüência de ocorrência mensal de fêmeas maturas do camarão sete-barbas, *Xiphopenaeus kroyeri*, capturadas no litoral norte do Estado do Rio de Janeiro nos períodos de (A) 2005-06, (B) 2006-07, (C) 2008-09 e (D) 2009-10.

5. DISCUSSÃO

5.1 Proporção sexual

A proporção sexual é importante para caracterizar a estrutura populacional de um estoque pesqueiro. Em estudos realizados com essa espécie ao longo do litoral brasileiro, a proporção de machos e fêmeas tem mantido o mesmo padrão registrado pelo presente estudo, com as fêmeas apresentando participação um pouco superior (Branco *et al.*, 1999; Fransozo *et al.*, 2000; Santos & Ivo, 2000; Castro *et al.*, 2005; Natividade, 2006), sendo este padrão característico de camarões peneídeos (Santos *et al.*, 2008; Semensato & Di Beneditto, 2008; Corrêa & Martinelli, 2009).

Embora a relação esperada entre machos e fêmeas seja de aproximadamente 1:1, ocorre uma discreta superioridade das fêmeas, possivelmente por apresentarem porte maior e, portanto, maior vulnerabilidade em relação ao aparelho de pesca. Segundo Branco (2005), as flutuações temporais na proporção sexual dos camarões também podem ser atribuídas, em parte, a distribuição segregada dos sexos em alguns meses do ano. As desigualdades entre os sexos se devem, possivelmente, a diferenças na mortalidade, migrações e utilização de habitat (Natividade, 2006). Os machos possuem maior coeficiente de crescimento, menor longevidade e maior coeficiente de mortalidade natural, a qual pode estar associada ainda a uma predação mais elevada. Santos *et al.* (2003) sugerem que os machos podem passar menos tempo da vida na área de pesca. De acordo com Heckler (2010), alterações no padrão de proporção sexual também podem ocorrer pela nutrição restrita em certas áreas.

Condições abióticas, como temperaturas elevadas, têm sido correlacionadas positivamente com valores de abundância desse camarão, momento de desova, eclosão das larvas e deslocamento destas para regiões

44

com abundância de alimento (Castilho *et al.*, 2007a; Fonteles Filho, 2011), influenciando desta forma a ocorrência de machos e fêmeas na amostragem. A temperatura média da água na região estudada varia de 24,6°C na estação seca (abril a setembro/2007) a 23,7°C na estação chuvosa (outubro a março/2008), segundo dados fornecidos pelo Laboratório de Ciências Ambientais/UENF. A variação discreta de temperatura entre as duas estações indica que, provavelmente, essa variável não é a principal responsável pela proporção de machos e fêmeas ao longo dos meses de estudo. A metodologia aplicada durante o arrasto, bem como pequenas variações nas embarcações podem ter sido responsáveis pelas proporções de captura observadas.

5.2 Proporção de maturidade

O esforço da pesca artesanal na região está ligeiramente mais concentrado sobre o estoque de camarões adultos (53,7%). A ocorrência contínua de machos e fêmeas maturos e imaturos corrobora a idéia de reprodução contínua da espécie (Fransozo *et al.*, 2000), e caracteriza o norte do Estado do Rio de Janeiro como área de crescimento e reprodução do camarão sete-barbas. Apesar do registro regular de juvenis e adultos, determinadas épocas do ano são marcadas pela dominância de um dos grupos, como os períodos de recrutamento e desova.

Diversos fatores podem ser responsáveis pela proporção de capturabilidade de indivíduos em diferentes estágios de maturação. Deve-se salientar que o aparelho de pesca utilizado, a rede de arrasto de fundo, apresenta baixa seletividade, e o tamanho da malha da rede possibilita a captura de camarões em várias faixas de comprimento. Dessa forma, a seletividade do petrecho de pesca não estaria excluindo as fêmeas adultas da amostragem. Diferenças comportamentais entre juvenis e adultos dos camarões peneídeos são observadas, o que pode influenciar na proporção de indivíduos capturados. Os juvenis possuem alta taxa de crescimento e, portanto, necessidade de busca mais ativa por alimento, o que os levaria a permanecer desenterrados por um período maior do que os adultos, conferindo proteção adicional à pressão exercida pela pesca. O aumento do estoque adulto de peneídeos é ainda fortemente influenciado pela sobrevivência das larvas, sendo esta dependente de fatores como dinâmica fluviométrica (Sassi & Moura, 1988 *apud* Santos *et al.*, 2001). Estes fatores afetam diretamente a disponibilidade de alimento para as larvas dos camarões, entre eles o fitoplâncton, que segundo Costa (2005) é mais abundante na região estudada entre os meses de junho a outubro, quando a vazão do Rio Paraíba do Sul é baixa.

As fêmeas adultas foram mais escassas na amostragem devido, possivelmente, à migração para áreas profundas com a finalidade de deposição dos ovos (Santos & Ivo, 2000). Na área de estudo, a pesca camaroneira é praticada em áreas rasas, até 15 m de profundidade, e a maior concentração de fêmeas maturas pode estar além desse intervalo de profundidade.

5.3 Tamanho corporal, relações biométricas e crescimento

A análise de variação das medidas corporais dos espécimes de *X. kroyeri* capturados demonstrou que as maiores amplitudes foram registradas para as fêmeas, indicando período de crescimento mais prolongado em relação aos machos. As fêmeas também apresentaram maior comprimento máximo de captura. O comprimento máximo de captura está diretamente relacionado ao esforço amostral (Fonseca, 1998 *apud* Parada, 2010). Resultados registrados por outros autores para áreas distintas do litoral brasileiro estão indicados na Tabela 5.

46

Tabela 5. Variação do comprimento de machos e fêmeas do camarão sete-barbas, *Xiphopenaeus kroyeri*, ao longo do litoral brasileiro.

Região	Machos		Fêmeas		Referências
	Mínimo	Máximo	Mínimo	Máximo	
Comprimento total (mm)					
São João da Barra, RJ (21°25' - 21°40' S)	52,0	116,0	39,0	135,0	Gonçalves, 1997
São João da Barra, RJ (21°25' - 21°40' S)	25,0	134,0	33,0	146,0	Presente estudo
Farol de São Thomé, Rio das Ostras, RJ (22°05' S - 22°32' S)	43,0	136,4	46,0	155,0	Parada, 2010
Litoral do Paraná (25° - 26° S)	42,0	129,0	40,0	141,0	Natividade, 2006
Itajaí, SC (26°20' - 26°23' S)	40,0	120,0	40,0	140,0	Branco *et al.*, 1999
Penha, SC (26°40' - 26°47' S)	30,0	130,0	40,0	160,0	Branco, 1999
Penha, SC (26°40' - 26°47' S)	30,0	130,0	40,0	160,0	Branco, 2005
Comprimento da carapaça (mm)					
Barra de Santo Antônio, AL (09°26' S)	8,0	22,0	8,0	29,0	Santos & Freitas, 2000
Coruripe, Al (10°07'32" S)	11,0	30,0	7,0	30,0	Santos & Freitas, 2005
Pirambu, SE (10°44'16" S)	13,0	26,0	6,0	31,0	Santos *et al.*, 2001
Ilhéus, BA (14°50' S)	7,0	24,0	6,0	34,0	Santos *et al.*, 2003
São João da Barra, RJ (21°25' - 21°40' S)			7,0	34,0	Gonçalves, 1997
São João da Barra, RJ (21°25' - 21°40' S)	6,0	30,0	5,0	33,0	Presente estudo
Farol de São Thomé, Rio das Ostras, RJ (22°05' S - 22°32' S)	6,5	29,0	6,8	34,9	Parada, 2010
Ubatuba, SP (23°29' - 23°32' S)	7,5	25,8	4,1	34,7	Fransozo *et al.*, 2000
Ubatuba, Caraguatatuba e São Sebastião, SP (23°30' - 23°48' S)	2,6	33,1	4,3	36,2	Castilho, 2008

O estudo realizado por Gonçalves (1997) na mesma área indicou que o tamanho mínimo de captura do camarão sete-barbas foi superior aos encontrados no presente estudo. Isto se deve ao tamanho da malha da rede, que variava de 80 a 180 mm, enquanto que no presente estudo é de 40 mm. A maior abertura na rede provavelmente proporcionava o escapamento dos indivíduos menores, elevando assim o tamanho mínimo de captura.

O dimorfismo sexual em relação ao tamanho corporal é característico em camarões peneídeos, onde as fêmeas são maiores e mais pesadas que os machos (Boschi, 1963; Hartnoll, 1982). A diferença de tamanho entre os sexos está, provavelmente, ligada ao processo de reprodução. Nas fêmeas, o maior tamanho de cefalotórax e abdômen pode corresponder ao maior desenvolvimento do ovário e incremento na produção de ovócitos, podendo aumentar a fecundidade (Gab-Alla *et al.*, 1990). Essas diferenças podem ser influenciadas ainda pelas características genéticas da espécie (Heckler, 2010). Branco *et al.* (1999) relatam que embora as fêmeas dos camarões Penaeidae alcancem comprimento total superior ao dos machos, os machos crescem mais rapidamente, o que também foi observado no presente estudo.

Nos peneídeos, as relações de peso-comprimento total e carapaça-comprimento total podem ser utilizadas para estimar o peso de um exemplar através do conhecimento de seu comprimento total e avaliar a condição de crescimento isométrico ou alométrico das espécies. A relação potencial peso-comprimento tem sido utilizada para determinar o tipo de crescimento das espécies e é empregada em estudos de dinâmica populacional e avaliação de estoques (Branco, 2005). No presente estudo, esta relação indicou alometria negativa para os machos, onde a taxa de incremento do peso diminui na medida em que há aumento do comprimento do corpo. No caso das fêmeas, a relação foi alométrica positiva, com o peso corporal aumentando a uma taxa maior do que o comprimento. Na relação linear carapaça-comprimento total verificou-se alometria positiva para ambos os sexos, caracterizando um incremento na taxa de crescimento da carapaça na medida em que o comprimento total aumenta. Segundo Branco (2005), os camarões Penaeidae apresentam tendência de crescimento alométrico diferenciado entre os sexos e os machos atingem, em média, menor peso que as fêmeas para uma mesma classe de comprimento. Em estudos de crescimento, deve-se considerar que as dimensões aumentam em razões diferentes de um organismo para o outro e, frequentemente, essas diferenças estão relacionadas ao sexo e estágio gonadal do crustáceo (Hartnoll, 1982).

Nos crustáceos não ocorre a marcação da idade através de estruturas rígidas em seu corpo como uma consequência do padrão de crescimento descontínuo (mudas separadas por períodos de intermudas) e a ausência de estruturas ósseas indicadoras de idade. Portanto, a análise da distribuição de freqüências de comprimento é que possibilita a determinação dos parâmetros de crescimento das espécies (Sparre & Venema, 1997).

Diferenças espaciais e temporais no crescimento da espécie podem ser decorrentes de razões intrínsecas (efeitos genéticos) e extrínsecas (variação de disponibilidade de alimento e temperatura) (Albertoni *et al.*, 2003). Além destes fatores, variações latitudinais em comunidades bênticas em geral são dirigidas pela variação na produção primária, tipo de sedimento, salinidade, distúrbios ambientais e interações bióticas (Costa *et al.*, 2005; Castilho *et al.*, 2007b).

Dentre as variações no ambiente que influenciam o desenvolvimento de peneídeos, a temperatura da água destaca-se como a variável de maior influência, sendo diretamente proporcional ao coeficiente de crescimento anual dos camarões (Gulland & Rothschild, 1981). Os coeficientes de crescimento normalmente decaem ao longo do ciclo vital do animal, sendo elevadas nos primeiros estágios, diminuindo até atingirem valores baixos conforme o organismo se aproxima de seu tamanho máximo. Mudanças das condições ambientais nas áreas de crescimento de crustáceos podem afetar o tamanho dos adultos de uma população (Albertoni *et al.*, 2003). Assim, a ampla distribuição da espécie, as variações ambientais ao longo das suas áreas de ocorrência e as diferentes metodologias aplicadas podem explicar as diferenças em relação ao porte e aos coeficientes de crescimento registrados em diferentes regiões.

Os resultados dos parâmetros de crescimento e do tamanho de primeira maturação gonadal deste trabalho confirmam o esperado para crustáceos peneídeos, onde machos crescem mais rapidamente, mas atingem comprimentos inferiores às fêmeas (Hartnoll, 1982). Estudos realizados com a espécie ao longo do Oceano Atlântico indicam relação similar entre machos e fêmeas quanto às diferenças no comprimento assintótico e no coeficiente de crescimento anual, e demonstram que em regiões de latitudes mais baixas ocorrem os maiores coeficientes de crescimento (Tabela 6).

Tabela 6. Parâmetros de crescimento do camarão sete-barbas, *Xiphopenaeus kroyeri*, ao longo do Oceano Atlântico.

Região	Machos		Fêmeas		Referências
	CT_∞	k	CT_∞	k	
Golfo do México, México (18º40'N)	136,0	1,20	136,0	1,20	Flores-Hernandéz *et al*, 2006
Bahia, Brasil (17º45'S)	---	1,0	---	0,75	Santos & Ivo, 2000
Rio de Janeiro, Brasil (21º25'S-21º40'S)	134,4±6,2	0,77±0,09	148,8±3,6	0,41±0,12	Presente estudo
Paraná, Brasil (25º40'S-25º50'S)	135,0	0,62	150,0	0,53	Branco *et al.*, 1994
Santa Catarina, Brasil (26º42'S-26º46'S)	133,0	0,30	154,0	0,26	Branco, 2005
Santa Catarina, Brasil (26º54'S)	122,0	0,24	141,0	0,28	Branco *et al*, 1999

5.4 Tamanho de primeira maturação, reprodução e recrutamento

Para fins de manutenção do estoque de camarões, dados de tamanho de primeira maturação são essenciais, pois fornecem informação necessária para a determinação do tamanho mínimo de captura e dimensionamento das malhas das redes de pesca (Branco, 1999).

As dimensões e o modo de operação da rede de arrasto utilizada na captura do camarão sete-barbas nas regiões sudeste e sul do Brasil são regulamentados através da Portaria n° 56/1984 da SUDEPE, ainda em vigor. A Portaria define o tamanho mínimo de 24 mm no ensacador da rede (esticada entre nós opostos) e a utilização de no máximo duas redes por embarcação na captura do camarão sete-barbas. No entanto, devido à pesca de camarões ser multiespecífica em muitas regiões do país, há dificuldade de implementação e fiscalização do tamanho de malha das redes de arrasto utilizadas (Franco et al., 2009).

Segundo Santos et al. (2006), o tamanho mínimo da malha do ensacador da rede de arrasto comumente empregado não é eficiente para promover o escape de indivíduos jovens devido ao fechamento da malha ao se realizar ao arrasto. Na região estudada, a diminuição do espaço de escape quando a rede está em atividade também se relaciona a captura de grande contingente de fauna acompanhante, formada principalmente pelos braquiúros: *Arenaeus cribarius*, *Callinectes ornatus*, *Cronius ruber*, *Hepatus pudibundus*, *Libinia ferreirae*, *Persephona mediterranea*, *Persephona punctata*, *Portunus spinimanus*) (Di Beneditto et al., 2010) e de elevado volume de macroalgas (A.P.M. Di Beneditto, observação pessoal). Os mecanismos de escape de fauna acompanhante são medidas de ordenamento da pescaria de crustáceos em todo o mundo (Crawford et al., 2011), mas ainda pouco utilizados no Brasil.

Em uma análise comparativa entre tamanho corporal de machos e fêmeas, observa-se que os machos alcançam a maturidade com menor tamanho e, consequentemente, menor idade. Variações no tamanho de primeira maturação de *X. kroyeri* são observadas para outras áreas do litoral brasileiro, conforme indicação da Tabela 7. Embora a pesca na região estudada se concentre em indivíduos adultos de 75,0 a 90,0 mm de comprimento total e 15,0 a 18,0 mm de comprimento da carapaça, juvenis também são capturados, pois a rede dificulta seu escape.

Levando-se em consideração a importância da temperatura na determinação da época de desova de crustáceos, as variações nos tamanhos de primeira maturação de *X. kroyeri* devem-se a sua ampla área de distribuição ao longo de um gradiente latitudinal de temperatura e, portanto, a suscetibilidade a diferentes condições ambientais. Em ambientes com temperatura elevada é esperado maior coeficiente de crescimento (Gulland & Rothschild, 1981). Logo, o processo de maturação destes indivíduos ocorrerá mais cedo, ao contrário do observado em temperaturas mais baixas, onde o crescimento ontogenético é lento, retardando o processo de maturação (Campos *et al.*, 2009).

A avaliação dos camarões capturados demonstrou a presença de fêmeas com gônadas maduras ao longo da amostragem, sugerindo amplo período de desova na região de estudo. Segundo Fonteles Filho (2011), as espécies que habitam as faixas tropicais dos oceanos, ao contrário daquelas das zonas temperadas, não apresentam época de desova definida em decorrência da regularidade das condições ambientais ao longo do ano. Entretanto, são registrados períodos de maior intensidade reprodutiva para várias espécies de crustáceos.

Tabela 7. Tamanho de primeira maturação gonadal de machos e fêmeas do camarão sete-barbas, *Xiphopenaeus kroyeri*, ao longo do litoral brasileiro.

Região	Machos	Fêmeas	Referências
	Comprimento total (mm)		
Anchieta, ES (20°49' S)	45,0	69,0	Eutrópio, 2009
São João da Barra, RJ (21°25' - 21°40' S)	92,0	99,0	Gonçalves, 1997
São João da Barra, RJ (21°25' - 21°40' S)	66,0	109,0	Presente estudo
Itajaí, SC (26°20' - 26°23' S)	74,0	90,0	Branco *et al.*, 1999
Penha, SC (26°40' - 26°47' S)	73,0	79,0	Branco, 2005
	Comprimento da carapaça (mm)		
Coruripe, Al (10°07' S)		13,7	Santos & Freitas, 2005
Ilhéus, BA (14°50' S)		13,5	Santos *et al.*, 2003
Caravelas, BA (17°45' S)		12,8	Santos & Ivo, 2000
São João da Barra, RJ (21°25' - 21°40' S)	22,0	19,0	Gonçalves, 1997
São João da Barra, RJ (21°25' - 21°40' S)	12,0	22,0	Presente estudo
Ubatuba, SP (23°27' S)	15,6	18,2	Freire *et al.*, 2007
Caraguatatuba, SP (23°40' S)	16,1	18,3	Freire *et al.*, 2007
Tijucas, SC (27°14'S)		24,0	Campos *et al.*, 2009

A desova pode ser classificada como contínua se ocorrer ao longo de um ciclo reprodutivo, ou como periódica caso a fêmea desove apenas uma vez em um período reprodutivo. Se forem identificados dois picos reprodutivos, a reprodução é classificada como bimodal (Fonteles Filho,

2011), o que é típico em camarões peneídeos. Esse padrão bimodal foi observado na área de estudo, com dois picos de reprodução anual (principal e secundário). O mesmo padrão foi observado em estudos desenvolvidos em outras porções do litoral brasileiro (p.ex: estado de Santa Catarina: Branco, 1999 e estado de Alagoas: Santos & Freitas, 2000; Santos & Freitas, 2005).

As diferenças observadas nos períodos de picos reprodutivos dos peneídeos devem-se, provavelmente, a diferenças encontradas nos parâmetros ambientais ao longo de suas áreas de ocorrência (Santos & Ivo, 2000). Existe forte relação entre a época da postura e a temperatura da água, e os picos reprodutivos também podem se relacionar com o aumento da disponibilidade de alimento em determinadas épocas do ano (Castilho *et al.*, 2007b). Temperaturas elevadas podem propiciar o aumento da produção de plâncton e, consequentemente, da disponibilidade de alimento às larvas dos invertebrados (Heckler, 2010).

O recrutamento é o parâmetro populacional aplicado no ordenamento pesqueiro de camarões peneídeos do litoral brasileiro. As diferenças nos períodos de defeso no Brasil ocorrem devido à variedade de espécies de peneídeos que são alvos das pescarias comerciais. A implementação do defeso leva em consideração a biologia da espécie mais representativa nos desembarques da pesca em cada região, e as diferenças nas condições abióticas que podem interferir no recrutamento das espécies (Santos *et al.*, 2006).

O período de defeso de *X. kroyeri* nas regiões sudeste e sul do Brasil é regulado pela Instrução Normativa nº189/2008, que proíbe o exercício da pesca de arrasto com tração motorizada na área marinha compreendida entre 21º18'S e 33º40'S, no período de 1º de março a 31 de maio (Instrução Normativa IBAMA n° 189/2008).

O aumento dos indivíduos de pequeno porte em uma área de pesca leva à redução do comprimento médio amostral da população explotada, de modo que o período em que esse aporte seja significantemente elevado pode ser considerado como o de recrutamento da espécie (Santos & Freitas, 2005). Os juvenis (recrutas) da população de *X. kroyeri* estudada foram registrados com maior frequência pela atividade pesqueira entre os meses de janeiro a maio, estando portanto o período de defeso instituído pela legislação em vigor em conformidade com os padrões de recrutamento. Dessa forma, a medida legal atende parcialmente aos padrões de crescimento e recrutamento da espécie na região.

A pesca do camarão sete-barbas acontece ao longo de toda sua área de ocorrência e é mais comum em locais próximos ao continente. A espécie é o principal crustáceo explorado nos desembarques pesqueiros artesanais desde o litoral do Estado de Pernambuco até Santa Catarina (MMA & IBAMA, 2007), e para a manutenção deste recurso e sustentabilidade do estoque é necessário adotar medidas efetivas de ordenamento pesqueiro. A principal medida reguladora da atividade de pesca camaroneira é o defeso, que conjuntamente com a regulamentação do tamanho mínimo de captura, controle das embarcações licenciadas, proibição de novas permissões e multa e apreensões aos que atuarem ilegalmente, devem ser considerados para fins de controle e manutenção desse recurso pesqueiro. Estas regulamentações devem fundamentar-se nos dados de dinâmica populacional da espécie explorada, como crescimento, tamanho de primeira maturação gonadal e recrutamento.

A gestão pesqueira é necessária para que seja possível conservar estoques pesqueiros, estabilizar coeficientes de captura, reduzir a sobreexplotação e maximizar o rendimento das capturas dentro dos níveis sustentáveis pela população explorada.

6. CONSIDERAÇÕES FINAIS

o   As variações em termos de proporção sexual, medidas corporais, crescimento, período de reprodução e recrutamento observadas nas populações de *Xiphopenaeus kroyeri* ao longo de sua área de distribuição devem-se às diferenças nos parâmetros oceanográficos (destacando-se a temperatura), crescimento diferenciado das populações ou grau de exploração pesqueira.

o   A ocorrência de machos e fêmeas juvenis e adultos durante todo o período de estudo indica que o norte do Estado do Rio de Janeiro se caracteriza como área de crescimento e reprodução da espécie.

o   A medida legal de proteção aos juvenis de *X. kroyeri* que está em vigor (Instrução Normativa nº189/2008, IBAMA) atende parcialmente aos padrões de crescimento e recrutamento da espécie na região estudada. Porém, o padrão de crescimento dessa população deve ser reavaliado periodicamente, considerando que se trata de uma espécie influenciada diretamente pela intensidade do esforço de pesca praticado na região e com flutuações temporais dos parâmetros de crescimento e reprodução.

7. REFERÊNCIAS BIBLIOGRÁFICAS

ABDALLAH, P. R. 1998. Atividade pesqueira no Brasil: política e evolução. *Tese* apresentada à Escola Superior de Agricultura Luiz de Queiroz, Universidade de São Paulo, Piracicaba, p. 148

ALBERTONI, E. F.; PALMA-SILVA, C.; ESTEVES, F. A. 2003. Crescimento e fator de condição na fase juvenil de *Farfantepenaeus brasiliensis* (Latreille) e *F. paulensis* (Pérez-Farfante) (Crustacea, Decapoda, Penaeidae) em uma lagoa costeira tropical do Rio de Janeiro, Brasil. *Revista Brasileira de Zoologia*, v. 20, n. 3, p. 409–418.

BRANCO, J. O.; LUNARDON-BRANCO, M. J.; DE FINIS, A. 1994. Crescimento de *Xiphopenaeus kroyeri* (Heller, 1862) (Crustacea: Natantia: Penaeidae) da região de Matinhos, Paraná, Brasil. *Arquivos de Biologia e Tecnologia*, v. 37, p. 1- 8.

BRANCO, J. O. & VERANI, J. R. 1997. Dinâmica da alimentação natural de *Callinectes danae* Smith (Decapoda, Portunidae) na Lagoa da Conceição, Florianópolls, Santa Catarina, Brasil. *Revista brasileira de Zoologia*, v. 14, n. 4, p. 1003 -1018.

BRANCO, J. O. 1999. Biologia do *Xiphopenaeus kroyeri* (Heller, 1862) (Decapoda: Penaeidae), análise da fauna acompanhante e das aves marinhas relacionadas a sua pesca, na região de Penha, SC – Brasil. Itajaí – RJ. *Tese de Doutorado* apresentada ao departamento de Ecologia e Recursos Naturais da Universidade Federal de São Carlos, v.1, p. 146.

BRANCO, J. O.; LUNARDON-BRANCO, M. J.; SOUTO, F. X.; GUERRA, C. R. 1999. Estrutura Populacional do Camarão Sete barbas *Xiphopenaeus kroyeri* (Heller, 1862), na Foz do Rio Itajaí – Açú, Itajaí, SC, Brasil. *Brazilian Archives of Biology and Technology*, v. 42, p. 115-126.

BRANCO, J. O. 2005. Biologia e pesca do camarão sete barbas *Xiphopenaeus kroyeri* (Heller) (Crustacea, Penaeidae), na Armação do Itapocoroy, Penha, Santa Catarina, Brasil. *Revista Brasileira de Zoologia*, Curitiba, v. 22, n. 4, p. 1050 - 1062.

BRANCO, J. O. & VERANI, J. R. 2006. Pesca do camarão sete-barbas e sua fauna acompanhante, na Armação do Itapocoroy, Penha, SC. *In*: BRANCO, Joaquim Olinto; MARENZI, Adriano W. C. (Org.). Bases ecológicas para um desenvolvimento sustentável: estudos de caso em Penha, SC. 291. Editora da UNIVALI, Itajaí, SC, p. 153-170.

BOSCHI, E. E. 1963. Los camarones comerciales de la família Penaeidae de la costa atlântica de América del Sur. Mar del Plata. *Boletim Biología Marina*. Mar del Plata, Argentina, v. 3, p. 5-39.

BRITO, D. 2009. Análise de viabilidade de populações: uma ferramenta para a conservação da biodiversidade no Brasil. *Oecologia Brasiliensis*, v. 13(3): 452-469.

BRUSCA, R. C; BRUSCA, G. J. 2007. Invertebrates. Ed. Sinauer. 922 p.

CAMPOS, B. R.; DUMONT, L. F. C.; D'INCAO, F.; BRANCO, J. O. 2009. Ovarian development and length at first maturity of the sea bob shrimp *Xiphopenaeus kroyeri* (Heller) based on histological analysis. *Nauplius*, v. 17, n. 1, p. 9-12.

CASTILHO, A. L.; FRANSOZO, A.; COSTA, R. C.; BRAGA, A. C. A.; FREIRE, F. A. M. 2007a. Caracterização e partilha por habitat de crustáceos Decapoda com origens subantárticas e tropicais no litoral norte do estado de São Paulo. *Anais do VIII Congresso de Ecologia do Brasil*, Caxambu – MG, p. 1 – 2.

CASTILHO, A. L; GAVIO, M. A.; COSTA, R. C.; BOSCHI, E. E.; BAUER, R. T.; FRANSOZO, A. 2007b. Latitudinal Variation in Population Structure and Reproductive Pattern of the Endemic South American Shrimp *Artemesia Longinaris* (Decapoda: Penaeoidea). *Journal of Crustacean Biology*, v. 27, n. 4, p. 548–552.

CASTILHO, A. L. 2008. Reprodução e recrutamento dos camarões Penaeoidea (Decapoda: Dendrobranchiata) no litoral norte do estado de São Paulo. *Tese* apresentada ao curso de Pós-graduação do Instituto de Biociências da Universidade Estadual Paulista – UNESP, Botucatu, p. 114.

CASTRO, R. H.; COSTA, R. C.; FRANSOZO, A.; MANTELATTO, F. L. M. 2005. Population structure of the seabob shrimp *Xiphopenaeus kroyeri* (Heller, 1862) (Crustacea: Penaeoidea) in the litoral of São Paulo, Brazil. *Scientia. Marina*., 69 (1): 105-112.

CHA, H. K.; OH, C.; HONG, S. Y.; KYUNG, Y. P. 2002. Reproduction and population dynamics of *Penaeus chinensis* (Decapoda:Penaeidae) on the western coast of Korea, Yellow Sea. *Fisheries Research*, v. 56, p. 25-36.

CORRÊA, A. B.; MARTINELLI, J. M. 2009. Composição da População do Camarão-Rosa *Farfantepenaeus subtilis* (Pérez-Farfante, 1936) no Estuário do Rio Curuçá, Pará, Brasil. *Revista Científica da UFPA*, v. 7, nº 01.

COSTA, L. S. 2005. Fitoplâncton do estuário do rio Paraíba do Sul: Padrões espaciais e temporais. *Dissertação* apresentada ao Programa de Mestrado em Ciências Biológicas (Botânica) a Universidade Federal do Rio de Janeiro, p. 53.

COSTA, R. C.; FRANSOZO, A.; CASTILHO, A. L.; FREIRE, F. A. M. 2005. Annual, seasonal and spatial variation of abundance of the shrimp *Artemesia longinaris* (Decapoda: Penaeoidea) in south-eastern Brazil. *Journal of Marine Biology*. Ass. U.K., v. 85, p. 107-112.

COSTA, R. C.; FRANSOZO, A.; CASTILHO, A. L. 2007. Período de recrutamento juvenil do camarão branco *Litopenaeus schmitti* (Burkenroad, 1936) (Dendrobranchiata, Penaeidae), em áreas de berçários do litoral norte paulista. *Anais do VIII Congresso de Ecologia do Brasil*, Caxambu – MG, p.1 - 2.

CRAWFORD, C. R.; STEELE, P.; MCMILLEN-JACKSON, A. L.; BERT, T. M. 2011. Effectiveness of bycatch-reduction devices in roller-frame trawls used in the Florida shrimp fishery. *Fisheries Research*, 108 (2-3): 248:257.

DI BENEDITTO, A. P. M.; SOUZA, G. V. C.; TUDESCO, C. C.; KLOH, A. S. 2010. Records of brachyuran crabs as by-catch from the coastal shrimp fishery in northern Rio de Janeiro State, Brazil. *Marine Biological Association of the United Kingdom*, v. 3, p. 1 – 4.

DUMONT, L.F.C. & D'INCAO, F. 2004 Estágios de desenvolvimento gonadal de fêmeas do camarão-barba-ruça (*Artemesia longinaris* – Decapoda: Penaeidae). *Iheringia Sér. Zool.*, Porto Alegre, *94*(4): 389-393.

EUTRÓPIO, F. J. 2009. Biologia do camarão *Xiphopenaeus kroyeri* (Dendobranchiata: Penaeidae) e a fauna acompanhante relacionada a sua pesca em Anchieta, Espírito Santo, Brasil. *Dissertação* apresentada ao Programa de Mestrado em Ecologia de Ecossistemas do Centro Universitário Vila Velha, p.118.

FLORES-HERNANDÉZ, D.; MIRANDA, R. J.; CRIOLLO, F. G. 2006. Evaluación de la Pesquería de Camarón Siete Barbas (*Xiphopenaeus kroyeri*) en el Sur del Golfo de México. *Boletín Informativo Jaina*, vol. 16, n.1, p. 61 – 66.

FONTELES FILHO, A. A. 2011. Oceanografia, biologia e dinâmica populacional de recursos pesqueiros. 2ª edição. Ceará: Expressão Gráfica e Editora. 464p.

FRANCO, A. C. N. P; SCHWARZ JUNIOR, R.; PIERRI, N.; SANTOS, G. C. 2009. Levantamento, sistematização e análise da legislação aplicada ao defeso da pesca de camarões para as regiões sudeste e sul do Brasil. *Boletim do Instituto de Pesca*, 35 (4): 687-699.

FRANSOZO, A.; COSTA, R. C.; PINHEIRO, M. A. A.; SANTOS, S.; MANTELATTO, F. L. M. 2000. Juvenile recruitment of the seabob *Xiphopenaeus kroyeri* (Heller,1862) (Decapoda, Penaeidea) in the Fortaleza Bay, Ubatuba, SP, Brazil. *Nauplius*, v. 8, p. 179-184.

FREIRE, F. A. M.; FRANSOZO, A., OLIVEIRA, F. A.; DANTAS, N. C. F. M.; SEGUNDO, J. M. F. V. 2007. Biologia reprodutiva do camarão "sete-barbas" (*Xiphopenaeus kroyeri*, Heller, 1862), no litoral norte do estado de São Paulo. *Anais do VIII Congresso de Ecologia do Brasil*, Caxambu – MG.

GAB-ALLA, A. A. F. A.; HARTNOLL, R. G.; GHOBASHY, A. F.; MOHAMMED, S. Z. 1990. Biology of penaeid prawns in the Suez Canal Lakes. *Marine Biology*, 107, p. 417-426.

GAYANILO, F.C. JR.; SPARRE, P.; PAULY, D. 2005 *FAO-ICLARM Stock Assessment Tools II (FiSAT II)*. Revised version. User's Guide. FAO Computerized Information Series (Fisheries). N° 8, Revised version. Rome: FAO. 168p.

GEO BRASIL. 2002. Perspectivas em Meio Ambiente. 1 ed. Brasília: Ed. IBAMA, 447 p.

GONÇALVES, M. M. 1997. Características biológicas e bioquímicas do crustáceo Penaeidae *Xiphopenaeus kroyeri* (Heller, 1862), capturados no litoral de São João da Barra, RJ. *Dissertação de Mestrado* apresentada ao Centro de Biociências e Biotecnologia da Universidade Estadual do Norte Fluminense, Campos dos Goytacazes, v. 1, 105 p.

GRAÇA-LOPES, R.; SANTOS, E. P.; SEVERINO-RODRIGUES, E.; BRAGA, F. M. S. PUZZI, A. 2007. Aportes ao conhecimento da biologia e da pesca do camarão sete barbas (*Xiphopenaeus kroyeri* Heller, 1862) no litoral do estado de São Paulo, Brasil. *Boletim do Instituto de Pesca*, São Paulo, v. *33*, n. 1, p. 63 – 84.

GULLAND, J. A.; ROTHSCHILD, B. J. 1981. Penaeid shrimps: their biology and management. *Fishing News Books*. Farnham, Surrey. England.

HAIMOVICI, M. 1997. Recursos pesqueiros demersais da região Sul: subsídios para o levantamento do estado da arte dos recursos vivos marinhos do Brasil - Programa REVIZEE.

HARTNOLL, R. G. 1982 Growth. In: BLISS, D. *The Biology of Crustacea*, v. 2. NewYork: *Academic Press*, p. 111-185.

HECKLER, G. S. 2010. Distribuição ecológica e dinâmica populacional do camarão sete-barbas *Xiphopenaeus kroyeri* (Heller, 1862) (Crustacea: Decapoda) no complexo Baía/Estuário de Santos e São Vicente, SP. *Dissertação* apresentada ao curso de Pós-Graduação do Instituto de Biociência da Universidade Estadual Paulista – UNESP – Campus de Botucatu.

HOSSAIN, M. Y.; OHTOMI, J. 2008. Reproductive biology of the southern rough shrimp Trachysalambria curvirostris (Penaeidae) in Kagoshima Bay, southern Japan. *Journal of Crustacean Biology*, v. 28, p. 607–612.

INSTITUTO BRASILEIRO DO MEIO AMBIENTE E DOS RECURSOS NATURAIS E RENOVAVEIS – IBAMA. 2001. Portaria MMA n° 74, de 13 de fevereiro de 2001. Dispõe sobre o período de defeso do camarão. *Diário Oficial da República Federativa do Brasil*. Brasília. 15 de fevereiro de 2001.

INSTITUTO BRASILEIRO DO MEIO AMBIENTE E DOS RECURSOS NATURAIS E RENOVAVEIS – IBAMA. 2006. Instrução Normativa n° 91, de 6 de fevereiro de 2006. Altera a data do período de defeso para o camarão sete barbas *Xiphopenaeus kroyeri*. *Diário Oficial da República Federativa do Brasil*. Brasília. 07 de fevereiro de 2006.

INSTITUTO BRASILEIRO DO MEIO AMBIENTE E DOS RECURSOS NATURAIS E RENOVAVEIS – IBAMA.   2008. Portaria nº 1, de 28 de janeiro de 2008. Estabelece normas específicas para a gestão do uso sustentável dos recursos pesqueiros pelas embarcações do litoral norte fluminense. *Diário Oficial da República Federativa do Brasil*. Brasília. 29 de janeiro de 2008.

INSTITUTO BRASILEIRO DO MEIO AMBIENTE E DOS RECURSOS NATURAIS E RENOVAVEIS – IBAMA.   2008. Instrução Normativa n° 189, de 23 de setembro de 2008. Dispõe sobre o período de defeso do camarão sete barbas. *Diário Oficial da República Federativa do Brasil*. Brasília. 24 de setembro de 2008.

KING, M.G, 2007. Fisheries Biology, Assessment and Management. *Blackwell Science*, Oxford, 2nd ed, 382p.

LEITE JR, N. O. & PETRERE JR, M. 2001. Estrutura Populacional do camarão-rosa (*Farfantepenaeus brasiliensis* e *Farfantepenaeus paulensis*) desembarcado na região de Santos-SP e pesca experimental com gerival em Cananéia-SP. *Notas técnicas FACIMAR*, v. 5, p. 35-38.

LEITE JR, N. O. & PETRERE JR, M. 2006. Stock assessment and fishery management of the pink shrimp *Farfantepenaeus brasiliensis* Latreille, 1970 and *F. paulensis* Pérez-Farfante, 1967 in Southeastern Brazil (23° to 28°S). *Brazilian Journal of Biology*, v. 66, p. 263-277.

MINISTÉRIO DO MEIO AMBIENTE – MMA e INSTITUTO BRASILEIRO DE MEIO AMBIENTE E DOS RECURSOS NATURAIS E RENOVÁVEIS - IBAMA. 2007. Estatística de Pesca 2007. 113p. Disponível em: www.mma.gov.br. Acesso em 31 de outubro de 2010.

MORAIS, C.; VALENTINI, H.; ALMEIDA, L. A. S.; COELHO, J. A. P. 1995. Considerações sobre a pesca e aproveitamento industrial da ictiofauna acompanhante da captura do camarão sete barbas, na costa sudeste do Brasil. *Boletim do Instituto de Pesca*, v. 22, n. 1, p. 103 – 114.

NATIVIDADE, C. D. 2006. Estrutura populacional e distribuição do camarão sete barbas, *Xiphopenaeus kroyeri* (Heller, 1862) (Decapoda: Penaeidae) no litoral do Paraná, Brasil. *Dissertação de mestrado* apresentada como requisito parcial para obtenção do grau de mestre, pelo curso de Pós-Graduação em Ecologia e Conservação, do setor de Ciências Biológicas da Universidade Federal do Paraná. p. 76.

PARADA, G. S. 2010. Dinâmica populacional de *Xiphopenaeus kroyeri* (Heller, 1862) (Decapoda, Dendrobranchiata, Penaeidae) proveniente da pesca no litoral norte do Rio de Janeiro (Brasil). *Monografia* apresentada ao Departamento de Biologia Marinha para obtenção do Diploma de Bacharel em Biologia Marinha – Instituto de Biologia – UFRJ. p. 35.

PETRIELLA, A. M.; BOSCHI, E. E. 1997. Crecimiento en crustáceos decápodos: resultados de investigaciones realizadas em Argentina. Invest. Mar. Valparaíso, 25: 135-157, 1997.

PEZZUTO, P. R. 2001. Projeto de "análise e diagnóstico da pesca artesanal e costeira de camarões na região sul do Brasil: Subsídios para um ordenamento". *Notas Técnicas Facimar,* v. 5, p. 41 - 44.

PINTO-NASCIMENTO, F.; FREIRE, K. M. F. e ROCHA, G. R. A. 2007. Análise sazonal da ictiofauna acompanhante da pesca do camarão sete barbas em Ilhéus – Bahia. *Anais do VIII Congresso de Ecologia do Brasil.* Caxambu – MG, p. 1-2.

PROFROTA PESQUEIRA. 2003. Relatório do Grupo de Trabalho Interministerial encarregado de elaborar proposta do Programa Nacional de Financiamento da Ampliação e Modernização da Frota Pesqueira Nacional. Disponível em: www.presidencia.gov.br/estrutura_presidencia/seap/pesca. Acesso em: 18 de abril de 2009.

SANTOS, M. C. F.; COELHO, P. A. 1998. Recrutamento Pesqueiro de *Xiphopenaeus kroyeri* (Heller, 1862) (Crustacea: Decapoda: Penaeidae) na Plataforma Continental dos Estados de Pernambuco, Alagoas e Sergipe – Brasil. *Boletim Técnico Científico CEPENE*, Tamandaré, v.6, n.1, p. 10.

SANTOS, M. C. F. & IVO, C. T. C. 2000. Pesca, biologia e dinâmica populacional do camarão sete-barbas, *Xiphopenaeus kroyeri* (Heller, 1862) (Crustacea: Decapoda: Penaeidae), capturado em frente ao município de Caravelas (Bahia – Brasil). *Boletim Técnico Científico CEPENE*, v. 8, n. 1, p. 131 – 164.

SANTOS, M. C. F. & FREITAS, A. E. T. S. 2000. Pesca e biologia dos Peneideos (Crustacea: Decapoda) capturados no municipio de Barra de Santo Antonio (Alagoas, Brasil). *Boletim Técnico Científico CEPENE*, v. 8, n. 1, p. 73-98.

SANTOS, M. C. F.; RAMOS, I. C.; FREITAS, A. E. T. S. 2001. Análise de produção e recrutamento do camarão sete barbas, *Xiphopenaeus kroyeri* (Heller, 1862) (Crustacea: Decapoda: Penaeidae), no litoral do estado de Sergipe – Brasil. *Boletim Técnico Científico CEPENE*, Tamandaré, v. 9, n. 1, p. 53 - 71.

SANTOS, M. C. F.; FREITAS, A. E. T. S.; MAGALHÃES, J. A. D. 2003. Aspectos biológicos do camarão sete barbas, *Xiphopenaeus kroyeri* (Heller, 1862) (Crustacea: Decapoda: Penaeidae) capturado ao largo do município de Ilhéus (Bahia – Brasil). *Boletim Técnico Científico CEPENE*, Tamandaré, v. 11, n. 1, 12 p.

SANTOS, M. C. F. & FREITAS, A. E. T. S. 2005. Biologia populacional do camarão sete barbas, *Xiphopenaeus kroyeri* (Heller, 1862) (Decapoda, Penaeidae), no município de Coruripe (Alagoas-Brasil). **Boletim Técnico Científico CEPENE**, Tamandaré, v. 6, n. 1, p. 47-64.

SANTOS, M. C. F.; COELHO, P. A.; PORTO, M. R. 2006. Sinopse das informações sobre a biologia e pesca do camarão-sete-barbas, *Xiphopenaeus kroyeri* (Heller, 1862) (Decapoda, Penaeidae), no nordeste do Brasil. **Boletim Técnico Científico CEPENE**, v. 14, n. 1, p. 141-178.

SANTOS, J. L.; SEVERINO-RODRIGUES, E.; VAZ-DOS-SANTOS, A. M. 2008. Estrutura populacional do camarão-branco *Litopenaeus schmitti* nas regiões estuarina e marinha da baixada santista, São Paulo, Brasil. **B. Inst. Pesca**, São Paulo, v. *34*. n. 3, p. 375 – 389.

SEMENSATO, X. E. G. & DI BENEDITTO, A. P. M. 2008. Population Dynamic and Reproduction of *Artemesia longinaris* (Decapoda, Penaeidae) in Rio de Janeiro State, South-eastern Brazil. **B. Inst. Pesca**, são paulo, v. 3, p. 89 – 98.

SPARRE, P. & VENEMA, S. C.1997. Introdução à avaliação de mananciais de peixes tropicais.Parte I: Manual. FAO Documento Técnico sobra as Pescas. No. 306/1, Rev.2. Roma, FAO. 1997. 404p. Acesso em: www.fao.org/docrep/008/w5449p/w5449p00.htm

SUPERINTENDÊNCIA DO DESENVOLVIMENTO DA PESCA – SUDEPE. 1984. Portaria n°56, de 20 de dezembro de 1984. Dispõe sobre o artefato e a embarcação de pesca de arrasto do camarão sete-barbas. *Diário Oficial da República Federativa do Brasil*. Brasília, 26 de dezembro de 1984.

Printed by Books on Demand GmbH, Norderstedt / Germany